多晶硅纳米薄膜压阻式
压力传感器

陆学斌　著

北京大学出版社

PEKING UNIVERSITY PRESS

内 容 简 介

本书对多晶硅纳米薄膜的压阻特性及其在压力传感器上的应用进行了研究。本书共分5章，第1章主要介绍多晶硅纳米薄膜及压力传感器的研究现状，第2章主要介绍工艺条件对多晶硅纳米薄膜特性的影响，第3章主要研究多晶硅纳米薄膜的杨氏模量，第4章主要研究多晶硅纳米薄膜的压力传感器应用，第5章主要介绍多晶硅纳米薄膜压力传感器的测试与分析。

本书可作为高等学校微电子技术和材料科学与工程等相关专业的参考书。

图书在版编目（CIP）数据

多晶硅纳米薄膜压阻式压力传感器 / 陆学斌著. —北京：北京大学出版社，2023.4

ISBN 978-7-301-33905-3

Ⅰ. ①多… Ⅱ. ①陆… Ⅲ. ①多晶－纳米材料－薄膜－硅压力传感器 Ⅳ. ①TP212

中国国家版本馆 CIP 数据核字（2023）第 062857 号

书　　　　名	多晶硅纳米薄膜压阻式压力传感器
	DUOJINGGUI NAMI BOMO YAZUSHI YALI CHUANGANQI
著作责任者	陆学斌　著
策 划 编 辑	郑　双
责 任 编 辑	黄园园　郑　双
数 字 编 辑	蒙俞材
标 准 书 号	ISBN 978-7-301-33905-3
出 版 发 行	北京大学出版社
地　　　　址	北京市海淀区成府路 205 号　100871
网　　　　址	http://www.pup.cn　新浪微博：@北京大学出版社
电 子 邮 箱	编辑部 pup6@pup.cn　总编室 zpup@pup.cn
电　　　　话	邮购部 010-62752015　发行部 010-62750672
	编辑部 010-62750667
印 　刷 　者	北京虎彩文化传播有限公司
经 　销 　者	新华书店
	650 毫米×980 毫米　16 开本　10.5 印张　121 千字
	2023 年 4 月第 1 版　2024 年 8 月第 2 次印刷
定　　　　价	68.00 元

前　言

　　多晶硅薄膜良好的压阻特性使其在压阻式传感器中得到了广泛应用。已有研究结果表明，多晶硅纳米薄膜与普通多晶硅薄膜相比具有更加优越的压阻特性，因此有着广阔的应用前景。

　　本书对多晶硅纳米薄膜的压阻特性进行了研究，主要包括工艺条件对压阻特性的影响和多晶硅纳米薄膜杨氏模量的研究。在对压阻特性进行研究的基础上，进行多晶硅纳米薄膜的压力传感器应用研究。

　　在工艺条件对压阻特性的影响的研究中，利用低压化学气相沉积方法在不同工艺条件下制备了多晶硅纳米薄膜，研究了工艺条件对多晶硅纳米薄膜电阻、应变系数及其温度系数的影响，选取了优化工艺条件。此时，多晶硅纳米薄膜的应变系数达到 34，比相同掺杂浓度的普通多晶硅薄膜高 25% 以上；应变系数的温度系数在 0.1%/℃ 附近，比普通多晶硅薄膜小近 50%；电阻的温度系数小于 0.01%/℃，比普通多晶硅薄膜小近一个数量级。优化工艺条件的选取，为多晶硅纳米薄膜的压力传感器应用研究提供了必要的设计依据。此外，还研究了掺杂浓度与压阻非线性的关系。对多晶硅纳米薄膜的压阻非线性进行了分析，发现多晶硅纳米薄膜的压阻非线性主要来源于晶界。多晶硅纳米薄膜的晶粒度很小，随着掺杂浓度的变化，晶界宽度发生变化，同时晶界压阻效应在多晶硅压阻效应中占据的比重也发生变化，因此晶界对多晶硅压阻非线性的影响随着掺杂浓度的变化而变化。掺杂浓度与压阻非线性关系的研究同样为研制多晶硅纳米薄膜压力传感器提供了设计依据。

　　在压阻特性的研究中，对多晶硅纳米薄膜的杨氏模量进行了研究。在隧道压阻理论中，多晶硅纳米薄膜的杨氏模量是采用单晶硅的杨氏模量与一修正系数相乘而来，而对该修正系数的取值并没有给出合理的解释。在压力传感器的结构设计中，为了使有限元仿真结果与实际情况更加接近，需要用多晶硅纳米薄膜的杨氏模量作为仿真参数。本书利用扫描电子显微镜和透射电子显微镜对多晶硅纳米薄膜的微观结构进行表征，根据多晶硅纳米薄膜的生长、结构特点，建立了晶粒模型。以该模型为基础，提出了用于计算多晶硅纳米薄膜杨氏模量的方法，并计算了多晶硅纳米薄膜的杨氏模量。利用原位纳米力学测试系统对多晶硅纳米薄膜的杨氏模量进行了测试。理论计算结果与测试结果进行比较，二者基本吻合。多晶硅纳米薄膜杨氏模量的研究完善了隧道压阻理论，同时为后续压力传感器的结构设计提供了依据。

在对多晶硅纳米薄膜压阻特性进行研究的基础上，进行了多晶硅纳米薄膜的压力传感器应用研究。对多晶硅纳米薄膜压力传感器进行有限元仿真，根据仿真结果对传感器的结构进行了优化设计。将多晶硅纳米薄膜作为压力传感器压敏电阻的制作材料，制定完整工艺流程，解决了压力传感器研制过程中的关键工艺，完成了压力传感器的研制。多晶硅纳米薄膜具有良好的高温压阻特性，在0～200℃的温度范围内，对所研制的压力传感器性能进行了测试。将研制的多晶硅纳米薄膜压力传感器和普通多晶硅压力传感器以及其他类型高温压力传感器进行比较可见，多晶硅纳米薄膜压力传感器具有高灵敏度、低温度系数及工艺简单等优点。本书的研究为将多晶硅纳米薄膜应用于压阻式压力传感器奠定了基础，同时实现了多晶硅纳米薄膜压力传感器的研制。

本书得到了湖州职业技术学院校级教师创新团队项目（2021023）、湖州职业技术学院高层次人才专项课题项目（2022GY21）、湖州市物联网智能系统集成技术重点实验室（202221）资助项目的支持，特此表示感谢。

陆学斌
2023 年 2 月

目　　录

第 1 章

绪　　论

1.1　研究背景

　　本书在对多晶硅纳米薄膜的压阻特性进行研究的基础上，进行多晶硅纳米薄膜的压力传感器应用研究。

　　根据晶体结构的特点，可将硅材料分为非晶硅（a-Si）、微晶硅（μc-Si）、纳晶硅（nc-Si）、多晶硅（pc-Si）和单晶硅（c-Si）五类[1]。纳晶硅也称纳米硅，是 20 世纪 80 年代出现的一种纳米材料，其晶粒度一般在 5nm 左右，晶态比（晶态与非晶态的体积比）约为 50%。虽然纳晶硅材料具有良好的电学特性和光学特性，但薄膜的制作工艺还不够成熟，重复性、稳定性和一致性还需进一步提高，因此这种材料还没有得到实际应用。本书所研究的多晶硅纳米薄膜与纳晶硅不同，是膜厚在几十纳米量级的多晶硅薄膜。实验发现多晶硅纳米薄膜具有良好的压阻特性，是极具应用前景的半导体功能材料，特别适合于压阻式传感器应用。

　　多晶硅薄膜广泛地应用于各种微电子器件、集成电路和微电子机械系统（Micro-Electro-Mechanical System，MEMS）器件的制造与研究[2,3]。其用途已从栅极材料和互连引线发展到绝缘隔离、钝化、存储单元的负载电阻、多晶发射区、掺杂扩散源、掺氧多晶 Si-Si 异质结、太阳能电池、真空微电子器件和各种光电器件等。特别是在近三十年来，随着 MEMS 技术的迅速兴起，多晶硅薄膜作为压阻敏感材料受到高度重视，世界各国的研究者对多晶硅的压阻特性进行了大量研究，并且已经利用多晶硅薄膜研制出多种传感器[4-8]。

与常规的金属或单晶硅压阻材料相比，多晶硅薄膜具有以下优点。

（1）与集成电路工艺兼容性好。多晶硅的生长温度一般在几百摄氏度，若采用等离子体增强化学气相沉积（Plasma Enhanced Chemical Vapor Deposition，PECVD）技术，则生长温度最低可降到 200℃以下，不会对集成电路工艺中的杂质分布产生影响[9,10]。

（2）与衬底材料的兼容性好。多晶硅薄膜不仅可以淀积在单晶硅、蓝宝石等高质量、高价格材料上，还可淀积在诸如玻璃、陶瓷、金属等廉价材料上，易于加工、适合批量生产、成本低[11,12]。

（3）薄膜淀积在绝缘衬底上不存在 PN 结隔离问题，具有良好的高温压阻特性，适合于高温传感器的研制[13]。

（4）多晶硅的机械特性和单晶硅相近，多晶硅薄膜可以像单晶硅那样进行氧化、光刻、掺杂、腐蚀等工艺步骤，给器件设计带来极大的灵活性[14]。

（5）多晶硅的灵敏度较高，应变系数（Gauge Factor，GF）较大，通常在 20～40 范围，比金属的应变系数高 10 倍以上。若采用特殊工艺，则应变系数最高可达单晶硅的 60%左右[15]。

进入 21 世纪，随着工艺水平的进步，膜厚在 100nm 以下的多晶硅薄膜（即多晶硅纳米薄膜）的压阻特性越来越受到重视。实验发现，多晶硅纳米薄膜除了具备以上优点，在高掺杂浓度条件下，还能同时获得高灵敏度和低温度系数。

正是由于具有以上优点，近几十年来人们先后对普通多晶硅和多晶硅纳米薄膜的压阻特性进行了广泛而深入的研究，同时普通多晶硅薄膜也被广泛应用于压力传感器的研制。

1.2 国内外研究现状

在多晶硅压阻特性的研究方面，从 20 世纪 80 年代起，人们已经建立了多晶硅压阻效应的修正理论（简称多晶硅压阻理论），该理论综合考虑了单晶硅和势垒区的压阻效应[16-20]，适用于膜厚较大的多晶硅薄膜（即普通多晶硅薄膜）。进入 21 世纪，人们发现多晶硅压阻理论并不适用于高掺杂浓度下的多晶硅纳米薄膜，于是又建立了更为系统全面的隧道压阻理论。

在多晶硅压力传感器的研究方面，从 20 世纪 70 年代起，人们一直利用普通多晶硅薄膜研制压力传感器，到目前为止，将多晶硅纳米薄膜应用于压力传感器的研究尚处于进行之中，预计相关研究报道将很快发表。

1.2.1 多晶硅及隧道压阻理论的研究现状

French 和 Evans 于 1985 年发表了多晶硅压阻理论[20]，认为应变除了会引起晶粒中性区电流发生变化，也会引起晶界处热电子发射电流的变化，从而产生势垒区的压阻效应，并预测势垒区的压阻效应要小于晶粒中性区的压阻效应。2004 年刘晓为等利用热电子发射理论详细地推导了势垒区压阻系数的理论表达式，计算结果表明：势垒区的压阻系数与晶粒中性区的压阻系数成正比，约为后者的一半。因此势垒区的应变系数也大约为晶粒中性区应变系数的一半[21]。一维情况下，多晶硅的基本单元由晶粒中性区和势垒区（含晶界及其两侧的耗尽区）构成。从定性角度分析，整个多晶硅薄膜的压阻特性和每个基本单元相似。基本单元的应变系数 GF_p 可表示为

$$GF_p = \frac{R_g}{R_g + R_b} GF_g + \frac{R_b}{R_g + R_b} GF_b \qquad （1\text{-}1）$$

式中：R_g ——晶粒中性区电阻；

GF_g ——晶粒中性区电阻的应变系数；

R_b ——势垒区电阻；

GF_b ——势垒区电阻的应变系数。

多晶硅的应变系数为晶粒中性区应变系数和势垒区应变系数的加权平均。由于 GF_g、R_g、GF_b、R_b 都与掺杂浓度有关，因此多晶硅的应变系数也和掺杂浓度有关，其定性关系如图 1-1 所示。

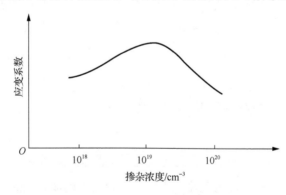

图 1-1　多晶硅的应变系数与掺杂浓度的定性关系

在图 1-1 中，曲线是抛物线形，分为上升和下降两个区域。曲线上升区：低掺杂浓度时，晶粒中性区电阻小于势垒区电阻，根据式（1-1）可知，此时多晶硅的应变系数以势垒区应变系数为主，由于势垒区应变系数约为晶粒中性区应变系数的一半[21]，因此多晶硅的应变系数较

小；随着掺杂浓度的提高，晶粒中性区电阻是线性减小，而势垒区的电流是热发射电流，因此势垒区电阻是指数次幂减小，所以多晶硅电阻会由势垒区电阻占优而逐渐转变为晶粒中性区电阻占优，而且在此掺杂浓度范围内晶粒中性区和势垒区的压阻效应与掺杂浓度的变化关系并不显著，因此多晶硅的应变系数会增加，曲线上升区内应变系数的增加是由于电阻占优地位的改变而造成的。曲线下降区：在该掺杂浓度范围内，多晶硅应变系数以晶粒中性区的应变系数为主，而晶粒中性区的压阻效应在此时会随着掺杂浓度的升高而迅速减小，因此多晶硅的应变系数会减小。这种抛物线式的定性关系在实验上已被多位研究者证实，并成功应用于普通多晶硅压力传感器的设计与制作[18-20]。但是多晶硅压阻理论主要针对膜厚较大（通常大于 0.3μm）、晶粒度较大的普通多晶硅薄膜，只考虑了势垒区热电子发射电流随应力的变化，忽略了小晶粒情况下、高掺杂浓度时晶界隧道电流随应力变化而产生的压阻效应，因此具有一定的局限性。

进入 21 世纪，随着工艺水平的进步和纳米技术的发展，多晶硅纳米薄膜的压阻特性越来越受到人们的重视与关注[22-25]。2006 年，哈尔滨工业大学的刘晓为和揣荣岩对多晶硅纳米薄膜的压阻机理和特性进行了大量的实验研究，结果表明多晶硅压阻理论并不适用于高掺杂浓度条件下的多晶硅纳米薄膜的压阻特性。因此他们在分析晶界隧道电流随应力变化的基础上，利用量子隧道效应和能带退耦分裂理论，建立了关于多晶硅压阻特性的新理论——隧道压阻理论，该理论揭示了多晶硅纳米薄膜复杂的压阻特性[26]。

多晶硅纳米薄膜的隧道压阻理论认为，应力不但会导致晶粒中性区和势垒区的电流发生变化从而产生压阻效应，而且会导致晶界处隧道电流发生变化，进而产生隧道压阻效应。在隧道压阻理论中，多晶硅的能带图与导电机制如图 1-2 所示。

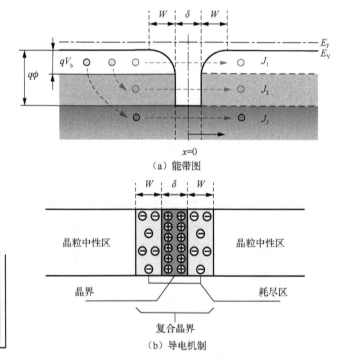

（a）能带图

（b）导电机制

图 1-2　多晶硅的能带图与导电机制

在图 1-2 中，W 为势垒宽度，δ 为晶界宽度，qV_b 为势垒高度，$q\phi$ 为位垒高度，E_F 为费米能级，E_V 为价带能级。J_1、J_2、J_3 分别为场发射电流、先热发射穿过耗尽区再隧道穿越晶界的混合电流、热发射电流。这 3 个电流都会随应力的变化而变化，都有各自的压阻效应。当大多数载流子的能量处于 qV_b 和 $q\phi$ 之间时，薄膜处于中温区域，大多数空穴以热电子发射的方式越过势垒区，然后以隧道方式穿透晶界位垒。此时流过晶界的电流以 J_2 为主，J_1 和 J_3 均可忽略。当工作温度低于中温区域的温度下限时，薄膜处于低温区域，此时，J_2 相对较小，J_1 不可忽略，则 J_1 和 J_2 是该情况下的主要电流，J_3 可以忽略。当温度高出中温区域后，薄膜处于高温区域，此时，J_2 和 J_3 同时起作用，而 J_1 可以忽略。于是隧道压阻理论的等效电路如图 1-3 所示。

在图 1-3 中，R_g 是晶粒中性区的电阻，R_F 是场发射电流 J_1 所决定的电阻，R_T 是热发射电流 J_3 所决定的电阻，R_d 是热发射决定的耗尽区等效发射电阻，R_δ 是隧道电流决定的晶界等效隧道电阻。

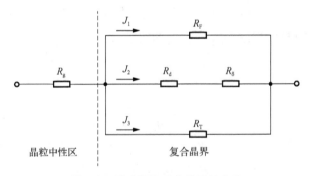

图 1-3　隧道压阻理论的等效电路

根据费米-狄拉克分布可知，通常在室温和高掺杂浓度情况下，大多数载流子的能量会介于 qV_b 和 $q\phi$ 之间，此时电流 J_2 起决定作用，于是可将隧道压阻理论的等效电路简化为如图 1-4 所示。

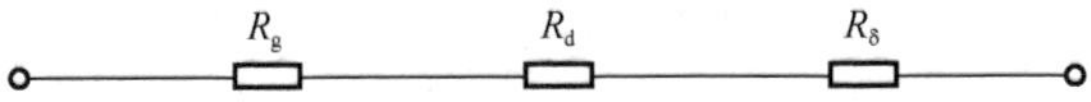

$$R_g \qquad\qquad R_d \qquad\qquad R_\delta$$

图 1-4　隧道压阻理论等效电路的简化形式

于是根据图 1-4 可知，多晶硅的应变系数为

$$\mathrm{GF}_p = \frac{R_g}{R_g + R_d + R_\delta}\mathrm{GF}_g + \frac{R_d}{R_g + R_d + R_\delta}\mathrm{GF}_d + \frac{R_\delta}{R_g + R_d + R_\delta}\mathrm{GF}_\delta \qquad （1-2）$$

式中：R_δ——等效隧道电阻；

GF$_\delta$——等效隧道电阻的应变系数；

　　R_d——耗尽区电阻；

　　GF$_d$——耗尽区电阻的应变系数。

　　由于 GF$_g$、GF$_d$ 在多晶硅压阻理论中已经进行了大量的研究，因此作者对 GF$_\delta$ 进行了深入的理论分析。利用量子隧道效应和能带退耦分裂理论，分析了晶界处隧道电流随应力的变化，进而对隧道压阻效应进行分析。最终理论分析结果表明，晶界等效隧道压阻效应（π_δ）与晶粒中性区的压阻效应（π_g）的关系为

$$\pi_{\delta v} = 1.4\pi_{gv}, \quad \pi_{\delta t} = 1.6\pi_{gt} \qquad （1\text{-}3）$$

　　在式（1-3）中，下标 v 和 t 分别表示纵向和横向。通过式（1-3）可以看出，隧道压阻效应明显大于晶粒中性区的压阻效应，当然更大于势垒区的压阻效应。作者利用隧道压阻理论对不同掺杂浓度的多晶硅纳米薄膜应变系数进行了理论计算，并将计算结果和实验结果进行对比，结果如图 1-5 所示。计算结果与实验结果基本吻合，隧道压阻理论正确地反映了应变系数与掺杂浓度的变化关系。作者还利用多晶硅纳米薄膜的隧道压阻理论对普通多晶硅的应变系数进行了模拟计算，模拟参数全部采用普通多晶硅薄膜的参数[18]，同样将模拟结果和实验结果进行了比较，结果如图 1-6 所示。比较结果表明：高掺杂浓度时，多晶硅压阻理论曲线严重偏离实验结果，而隧道压阻理论的模拟曲线在高掺杂浓度下更接近实验结果。通过图 1-5 和图 1-6 可知，多晶硅纳米薄膜的隧道压阻理论不但适用于多晶硅纳米薄膜，也适用于普通多晶硅薄膜，因此是更为全面的多晶硅的压阻理论。隧道压阻理论系统地研究了掺杂浓度对压阻特性的影响，其理论曲线和实验结果也比较吻合。

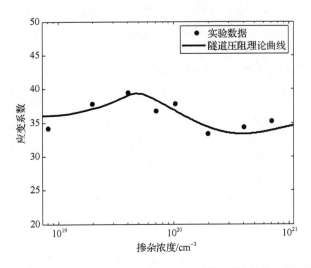

图 1-5 多晶硅纳米薄膜应变系数与掺杂浓度关系的理论计算和实验结果对比

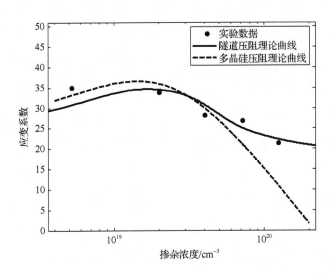

图 1-6 隧道压阻理论对普通多晶硅薄膜应变系数的模拟计算和实验结果对比

所有关于多晶硅的压阻理论（包括隧道压阻理论）都是先计算出压阻系数，然后与多晶硅的杨氏模量相乘而得到应变系数，再进行理论计算与实验结果对比。这是因为应变系数在大多数研究中更具有实际意义，也更容易获得。多晶硅的杨氏模量是联系压阻系数和应变系数的参数，在隧道压阻理论中，多晶硅纳米薄膜的杨氏模量仅仅是采用单晶硅的杨氏模量与一修正系数相乘而来，对该修正系数的取值却没有给出合理解释，缺少对多晶硅纳米薄膜杨氏模量的研究是隧道压阻理论的一个不足。

1.2.2　多晶硅压力传感器的研究现状

压力是测控领域中重要的测量参数之一，为了测量压力信号，各种压力传感器应运而生。20 世纪 60 年代，随着扩散技术的提出与应用，人们将目光集中在硅扩散层的压阻效应上[27-30]。利用集成电路（Integrated Circuit，IC）工艺中的离子注入或扩散技术在硅片表面形成一组均匀的扩散电阻，将其连接成惠斯通电桥，当弹性膜片在应力作用下发生形变时，其上的桥臂电阻的阻值随之产生相应的变化，传感器输出一个与外部压力成比例的电信号，从而实现对压力的测量。

扩散硅压阻式压力传感器是目前最为成熟、应用研究最广泛的一种传感器，具有灵敏度高、成本低等优点[31,32]。随着扩散硅压阻式压力传感器的广泛应用，它的两个主要缺点也逐渐显露：首先是传感器信号的温度漂移效应，其次扩散硅电阻和衬底是利用 PN 结隔离的，当 PN 结的工作温度超过 120℃时，其漏电流会急剧增加，传感器性能急剧下降甚至失效，因此工作温度范围受到限制。而在很多领域，如航空航天、汽车、石油化工等，高温压力传感器具有很大的应用市场。于是人们开始寻找新材料来制造高温压力传感器，以解决高温下 PN 结的失效问题。目前，研制高温压力传感器的主要技术可归纳为 4 种[33]：蓝宝石上硅（Silicon on Sapphire，SOS）结构、绝缘体上硅（Silicon on Insulator，SOI）结构、碳化硅（SiC）薄膜结构和多晶硅（Polysilicon）薄膜结构。对于这 4 种结构，从工艺兼容性、制造技术的成熟度、设备及成本等条件考虑，用多晶硅薄膜制作高温压力传感器是比较理想的选择，因此人们一直利用普通多晶硅薄膜作为压力传感器中压敏电阻的制作材料。

美国通用汽车研究实验室的 Jaffe 于 1974 年研制了第一个普通多晶硅压力传感器[34]，该传感器的示意图如图 1-7 所示。该压力传感器的弹性膜片和压敏电阻都由多晶硅材料构成，在弹性膜片上仅制作了一个压敏电阻。其制作工艺步骤如下：采用化学气相沉积（Chemical Vapor Deposition，CVD）方法淀积 2.4μm 厚的多晶硅薄膜，目标衬底是生长了 860nm 厚 SiO_2 的单晶硅，这层多晶硅薄膜就构成压力腔弹性膜，通过定域离子注入硼形成一个 P 型多晶硅电阻，掺杂浓度约为 $7\times10^{19}cm^{-3}$，利用各向异性腐蚀技术制成硅杯结构的压力传感器。该传感器采用 9mA 的恒流源供电，测得应变系数为 24，在 0～9.33kPa 压力范围内传感器的输出电压线性度良好，非线性小于 0.7%，灵敏度比较低，约为 28.30μV/Bar/mA。第一个普通多晶硅压力传感器的研制显示出用多晶硅薄膜制作传感器具有工艺简便等优点。

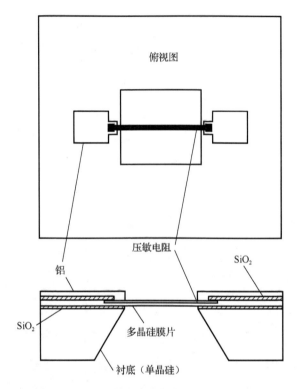

图 1-7　第一个普通多晶硅压力传感器示意图

在 Jaffe 研究的基础上，人们在压力传感器的结构和普通多晶硅薄膜的性能这两个方面进行了广泛而深入的研究。在传感器结构方面的研究主要可分为以下 3 种。

（1）比较典型的压力传感器都是利用单晶硅作为衬底，压力腔弹性膜由单晶硅通过各向异性腐蚀而得到，采用硅杯结构，淀积 SiO_2 作为绝缘层[35]。利用低压化学气相沉积（Low Pressure Chemical Vapor Deposition，LPCVD）技术淀积制备厚度大于 $0.3\mu m$ 的普通多晶硅薄膜作为压敏电阻，然后采用离子注入技术对多晶硅薄膜掺杂硼元素[36-40]。该类型多晶硅压力传感器的示意图如图 1-8 所示。

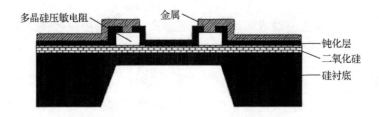

图 1-8 典型的多晶硅压力传感器示意图

（2）少数压力传感器是利用单晶硅作为衬底，压力腔弹性膜通过淀积多晶硅或生长硅的外延层形成，同样还是硅杯结构，淀积 SiO_2 作为绝缘层。采用 LPCVD 技术淀积制备厚度在 $0.3\sim1\mu m$ 的普通多晶硅薄膜作为压敏电阻，然后采用离子注入技术对多晶硅薄膜掺杂硼元素[41-43]。以多晶硅或外延层作弹性膜的多晶硅压力传感器示意图如图 1-9 所示。

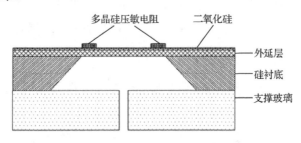

图 1-9 以多晶硅或外延层作弹性膜的多晶硅压力传感器示意图

（3）极少数多晶硅压力传感器是采用非硅材料作为衬底，或采用非硅杯结构。例如，1983 年，美国通用汽车研究实验室的 Erskine 报道了一种金属上多晶硅应变传感器[16]。实验选用金属钼作为衬底，利用 $1\mu m$ 厚的 Si_3N_4 和 $4\mu m$ 厚的磷硅玻璃构成绝缘层，采用 CVD 技术淀积 $1\mu m$ 厚的多晶硅薄膜，采用离子注入技术掺杂硼元素。天津大学的毛赣如等于 1997 年研制出矩形双岛硅膜结构的多晶硅压力传感器[44,45]。他们采用 LPCVD 技术淀积 $0.5\mu m$ 厚的普通多晶硅薄膜，将单晶硅衬底的背面腐蚀成矩形双岛硅膜结构，采用静电键合将传感器与硼硅玻璃进行封接，然后焊在不锈钢管座上。由于矩形双岛硅膜结构具有应力集中效应，因此灵敏度较高，比同尺寸的硅杯结构传感器高约 30%，但对版图设计和光刻工艺要求非常严格。

在普通多晶硅薄膜性能方面的研究主要包括通过改善薄膜淀积条件、退火温度或采用金属诱导横向结晶（Metal Induced Lateral Crystallization，MILC）技术等特殊工艺制作多晶硅，提高多晶硅的结晶度和晶粒度，目的是增大应变系数，从而提高灵敏度[5,46-48]；也包括通过优化掺杂浓度控制多晶硅电阻和应变系数的温度系数，降低压力传感器的零点温度漂移或实现灵敏度温度漂移的自补偿[38,49-53]；还有关于多晶硅薄膜的一些其他应用，如用多晶硅代替金属进行电连接[15]、掺磷多晶硅[55-57]等。在薄膜性能方面的研究与在结构方面的研究一样，全部都是采用普通多晶硅薄膜。

对于采用普通多晶硅薄膜制作的压力传感器（即普通多晶硅压力传感器），掺杂浓度一般要高于 $1 \times 10^{19} \mathrm{cm}^{-3}$，在此掺杂浓度范围内，普通多晶硅薄膜的应变系数随掺杂浓度的升高是单调下降的，而要想减小应变系数的温度系数就必须一直提高掺杂浓度，掺杂浓度的提高又会导致应变系数（即传感器灵敏度）的显著下降。因此对于普通多晶硅薄膜的压力传感器应用研究，遇到的问题就是必须在提高灵敏度和降低温度系数之间折中考虑。

现有的多晶硅压力传感器压敏电阻的制作材料都是采用厚度在 0.3μm 以上的普通多晶硅薄膜，而关于多晶硅纳米薄膜在力学式传感器方面的应用却少有研究。这一点是由于多晶硅压阻理论所造成的，该理论认为中性区的压阻效应比势垒区强一倍左右[21]。这样，晶粒度越小，势垒区压阻效应所占比重越大，多晶硅的压阻效应就越弱。一般来讲，膜厚越薄，晶粒度就越小，于是人们大多利用膜厚较大的普通多晶硅薄膜来研制压力传感器，而将多晶硅纳米薄膜应用于压力传感器上的研究却鲜见相关报道。

1.3　研究目的和意义

已实现商品化的扩散硅压阻式压力传感器存在温漂大、工作温度范围小等不足，限制了传感器的应用范围。利用多晶硅制作压阻式压力传感器是目前提高传感器工作温度、改善温度稳定性，又能保持其低成本的主要技术途径之一。采用多晶硅薄膜研制压阻式压力传感器得到了迅速的发展，但普通多晶硅压力传感器的研究应用遇到了需在提高灵敏度和降低温度系数之间折中考虑的问题。

多晶硅纳米薄膜是指膜厚接近或小于 100nm 的多晶硅薄膜，具有良好的压阻特性，是一种极具应用前景的纳米功能薄膜材料。通过实验研究发现，高掺杂浓度下多晶硅纳米薄膜具有比普通多晶硅薄膜更优越的压阻特性，能在保证较高应变系数的前提下，降低其温度系数，有利于提高多晶硅压力传感器的性能，对于发展高灵敏度、低温漂、宽工作温度范围的低成本压力传感器具有重要的应用价值。

1.4　本书主要研究内容

针对上述问题和不足，本书对多晶硅纳米薄膜的压阻特性进行研究，主要包括工艺条件对压阻特性的影响和杨氏模量的研究，在对压阻特性研究的基础上，进行多晶硅纳米薄膜的压力传感器应用研究。本书的主要研究内容如下。

（1）系统地研究工艺条件对多晶硅纳米薄膜电阻应变系数及其温度系数的影响，优化薄膜制备的工艺条件。在优化工艺条件下，多晶硅纳米薄膜和普通多晶硅薄膜相比具有高应变系数和低温度系数的优点。

（2）对多晶硅纳米薄膜压阻非线性与掺杂浓度的关系进行测试，并对测试结果进行分析。

（3）利用扫描电子显微镜（Scanning Electron Microscope，SEM）和透射电子显微镜（Transmission Electron Microscope，TEM）对多晶硅纳米薄膜的微观结构进行表征，根据多晶硅纳米薄膜的生长和结构特点，建立一种适合于多晶硅纳米薄膜的晶粒模型，利用该模型对多晶硅纳米薄膜的杨氏模量进行理论计算，同时利用原位纳米力学测试系统对多晶硅纳米薄膜的杨氏模量进行测试。

（4）对多晶硅纳米薄膜压力传感器进行有限元仿真，根据仿真结果对传感器的结构进行优化设计。利用优化工艺条件下制备的多晶硅纳米薄膜作为传感器的压敏电阻，制定传感器加工的完整工艺流程，突破传感器制作的关键工艺，利用微机械加工技术完成压力传感器的研制，并进行性能测试分析和评价。

在以上研究内容中，优化工艺条件将保证多晶硅纳米薄膜具有比普通多晶硅薄膜更优越的压阻特性；多晶硅纳米薄膜晶粒模型的建立及验证将完善隧道压阻理论；多晶硅纳米薄膜压力传感器的提出与实现将丰富多晶硅压力传感器的研究内容，并提高传感器的性能。

第 2 章

工艺条件对多晶硅纳米薄膜特性的影响

不同工艺条件下制备的多晶硅薄膜，其结构差别很大，导致压阻特性也有很大区别。本章主要研究工艺条件对多晶硅纳米薄膜的电阻、应变系数及其温度系数的影响，选取具有最佳压阻特性的薄膜优化工艺条件，保证多晶硅纳米薄膜的高灵敏度和低温度系数；并研究掺杂浓度与多晶硅纳米薄膜压阻非线性的关系。工艺条件对压阻特性的影响研究为研制多晶硅纳米薄膜压力传感器提供设计依据。

2.1　多晶硅纳米薄膜的制备与结构表征

薄膜制备是研究多晶硅纳米薄膜压阻特性所必需的技术基础和前期准备。在微电子技术中，制作多晶硅薄膜常用的方法主要有真空蒸发、溅射和 LPCVD 等。LPCVD 技术是集成电路的标准工艺，技术成熟、稳定，适于批量生产，制备的薄膜一致性很高，片内一致性达到 ±(1%～3%)，片间一致性达到 ±(2%～5%)。LPCVD 技术可通过淀积温度控制薄膜的晶粒度和结晶度，还可通过淀积时间控制薄膜厚度，能够制备出高质量的多晶硅压阻薄膜[36]。本书选用 LPCVD 技术，为压阻特性研究提供膜厚均匀、结构稳定的多晶硅纳米薄膜样品。

在制备多晶硅纳米薄膜之前，选择合适的衬底及绝缘层是十分必要的。由于单晶硅材料与多晶硅热形变失配较小，且具有良好的弹性、可加工性，以及与集成电路工艺的兼容性，因此选用单晶硅片为衬底材料，以利于进一步的应用研究。微电子技术中的绝缘层常用氮化硅或二氧化硅材料，考虑到二氧化硅与衬底单晶硅机械性质相似，与衬底的应变一致性较好，而且制作工艺简单，故选取二氧化硅作为衬底和多晶硅纳米薄膜之间的绝缘层。实验中，二氧化硅层通过热氧化的方法来生成，为保证绝缘强度，厚度为 0.8～1μm。热氧化温度为1100℃，工艺过程为干氧+湿氧+干氧。

为研究薄膜结构与压阻特性关系，在不同工艺条件下制备了多晶硅薄膜样品，通过 SEM、TEM 和 X 射线衍射（X Ray Diffraction，XRD）实验对薄膜样品的微观结构进行表征。

2.1.1 不同厚度的多晶硅薄膜

膜厚对多晶硅薄膜的结构有较大影响，导致多晶硅薄膜压阻特性随膜厚发生很大变化。特别是多晶硅纳米薄膜，其结构随膜厚的变化更为显著。首先制作不同膜厚的多晶硅薄膜，用以研究膜厚对多晶硅薄膜压阻特性的影响。

在淀积温度为 620℃的条件下，制备了 8 种目标膜厚分别为 25、45、65、85（单位：nm）和 120、150、200、250（单位：nm）的多晶硅薄膜样品，制备过程中膜厚是通过淀积时间来控制的，工艺参数和淀积薄膜实际厚度的测量结果如表 2-1 所示，其中多晶硅淀积厚度参数中的±3nm 为测试仪器误差。在表 2-1 中，1～8#样品淀积的是多晶硅纳米薄膜，其衬底为<100>晶向、4 英寸（1 英寸≈2.54 厘米）单面抛光硅片，片厚为 490±10μm，表面氧化层厚度为 0.86μm；13～16#样品淀积的是普通多晶硅薄膜，其衬底为<111>晶向、4 英寸单面抛光硅片，片厚为 510±10μm，表面氧化层厚度为 1.0μm。

表 2-1　不同厚度多晶硅薄膜的工艺参数

片号	氧化层		多晶硅淀积		扩散掺杂			掺杂浓度/cm^{-3}
	温度/℃	厚度/μm	温度/℃	厚度/nm	温度/℃	时间/min	气氛	
1#、2#	1100	0.86	620	60±3	1080	5	O_2+N_2	2.3×10^{20}
3#、4#	1100	0.86	620	41±3	1080	5	O_2+N_2	2.3×10^{20}
5#、6#	1100	0.86	620	29±3	1080	5	O_2+N_2	2.3×10^{20}
7#、8#	1100	0.86	620	89±3	1080	5	O_2+N_2	2.3×10^{20}
13#	1100	1.0	620	123±3	1080	5	O_2+N_2	2.3×10^{20}
14#	1100	1.0	620	150±3	1080	5	O_2+N_2	2.3×10^{20}
15#	1100	1.0	620	198±3	1080	5	O_2+N_2	2.3×10^{20}
16#	1100	1.0	620	251±3	1080	5	O_2+N_2	2.3×10^{20}

对表 2-1 中的全部样品采用常规固态源扩散的方法，在 1080℃、氮气流量 2L/min 的条件下进行硼掺杂，根据杂质在硅中的固溶度可估算[58]，掺杂浓度约为 $2.3 \times 10^{20} cm^{-3}$。所有样品的淀积温度与掺杂浓度都相同，这样在测试过程中就可以只考虑膜厚对薄膜压阻特性的影响。

多晶硅纳米薄膜和普通多晶硅薄膜样品的 XRD 图谱分别如图 2-1 和图 2-2 所示。本书是研究多晶硅纳米薄膜的压阻特性，因此重点分析 2-1。对于膜厚在 100nm 以下的多晶硅纳米薄膜，XRD 图谱中出现了<100>衍射峰，此时存在 3 种可能：①多晶硅具有<100>的优选晶向，其衍射峰与衬底衍射峰重合；②多晶硅是无定形态，<100>衍射峰来自衬底；③多晶硅薄膜太薄，衍射强度弱，没体现出衍射峰，<100>衍射峰依然来自衬底。下面对这 3 种可能一一进行分析。

针对第一种可能，为了确定膜厚在 100nm 以下的多晶硅纳米薄膜是否具有<100>的优选晶向，只需选用非<100>晶向的衬底在相同工艺条件下制作相同厚度的薄膜，再进行一次 XRD 实验即可。图 2-3 所示是采用<111>晶向的单晶硅作为衬底，淀积温度为 620℃，膜厚为 80nm 的多晶硅纳米薄膜的 XRD 图谱。该样品与膜厚为 89nm 的薄膜样品［图 2-1（d）］相比，淀积温度完全相同，薄膜厚度非常接近，只是单晶硅衬底的晶向不同。

通过比较图 2-3 和图 2-1（d）可知，<100>和<111>都不可能是多晶硅纳米薄膜的优选晶向，同时也能确定采用 LPCVD 技术在 620℃ 条件下淀积制备的多晶硅纳米薄膜没有优选晶向。

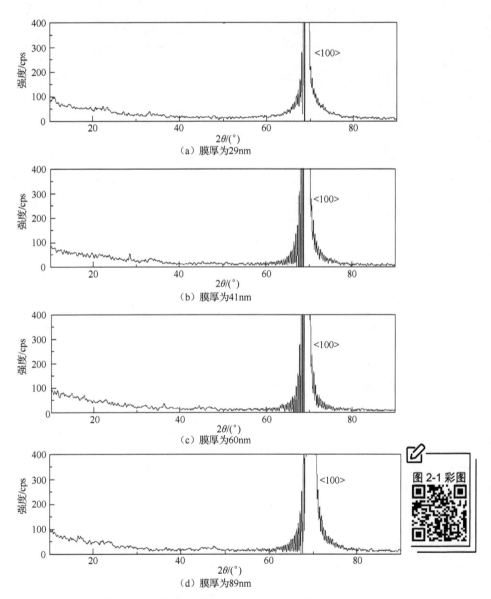

（a）膜厚为29nm

（b）膜厚为41nm

（c）膜厚为60nm

（d）膜厚为89nm

图 2-1 彩图

图 2-1　多晶硅纳米薄膜样品的 XRD 图谱

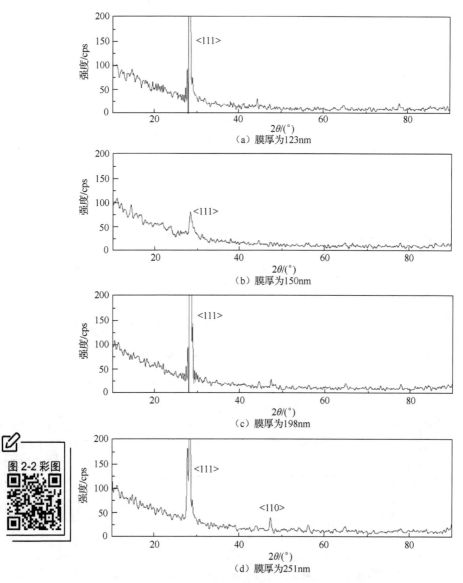

（a）膜厚为123nm

（b）膜厚为150nm

（c）膜厚为198nm

图 2-2 彩图

（d）膜厚为251nm

图 2-2　普通多晶硅薄膜样品的 XRD 图谱

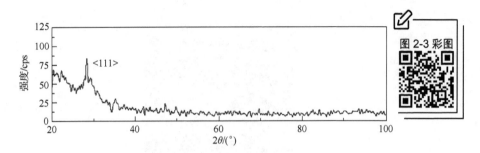

图 2-3　<111>单晶硅衬底上 620℃淀积的 80nm 厚多晶硅
纳米薄膜的 XRD 图谱

　　针对第二种可能，需要对多晶硅的微观结构进行表征以确定多晶硅是不是无定形态。对不同膜厚的多晶硅薄膜样品进行 SEM 观测，结果如图 2-4 所示；同时对膜厚为 89nm 的多晶硅纳米薄膜进行 TEM 观测，结果如图 2-5 所示。

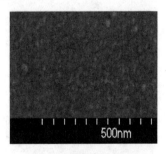

（a）膜厚为29nm

（b）膜厚为41nm

图 2-4　不同膜厚的多晶硅薄膜的 SEM 图

（c）膜厚为60nm

（d）膜厚为89nm

（e）膜厚为123nm

图2-4（续）

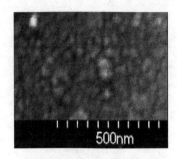

（f）膜厚为150nm

（g）膜厚为198nm

（h）膜厚为251nm

图 2-4（续）

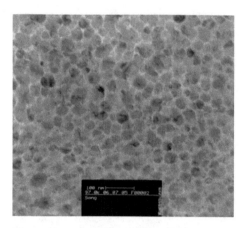

图 2-5　89nm 厚多晶硅纳米薄膜的 TEM 图

在图 2-4 和图 2-5 中，可以清楚地识别出多晶硅的晶粒，所以可以确定多晶硅不是无定形态的。在图 2-4 中，膜厚为 60nm 和 89nm 的薄膜其晶粒大小比较接近，根据等面积等晶粒数的方法[59]，利用图 2-5 可估算其表观平均晶粒度（简称晶粒度）约为 32nm；相比之下，膜厚为 29nm 的薄膜晶粒度很小，约为 15nm，膜厚为 41nm 的薄膜晶粒度约为 25nm，而膜厚为 123nm 时，薄膜晶粒度约 50nm，膜厚为 150～251nm 的薄膜晶粒度基本相同，都在 70nm 左右。随着薄膜厚度的增加，薄膜的晶粒度也在增大。

针对第三种可能，需要考虑是否因为多晶硅纳米薄膜太薄而没有体现出衍射峰。对采用<111>单晶硅为衬底、淀积温度为 670℃、膜厚为 80nm 的多晶硅纳米薄膜进行了 XRD 实验，结果如图 2-6 所示。

将图 2-6 和图 2-3 中的样品进行比较，二者都是采用<111>单晶硅衬底，薄膜厚度相同，只是淀积温度不同。淀积温度为 670℃时多晶硅纳米薄膜的 XRD 图谱表现出<110>的衍射峰，而淀积温度为 620℃时多晶硅纳米薄膜的 XRD 图谱却没有<110>的衍射峰，因此可以判断，衍射峰的出现应该与薄膜的厚度和淀积温度都有关。

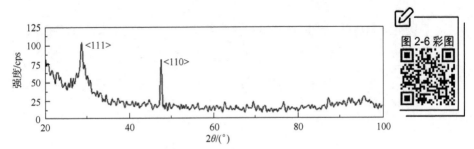

图 2-6　<111>单晶硅衬底上 670℃淀积的 80nm 厚多晶硅
纳米薄膜的 XRD 图谱

　　针对以上 3 种可能的分析，可得到一个重要结论，即采用 LPCVD 技术在 620℃条件下淀积制备的多晶硅纳米薄膜样品是纳米多晶硅，且没有优选晶向。这是我们建立多晶硅纳米薄膜晶粒模型（见第 3 章）的基础。

　　对于图 2-2 中出现的<111>衍射峰，同样存在类似图 2-1 的 3 种可能：①多晶硅是<111>取向的，其衍射峰与单晶硅的<111>衍射峰完全重合；②多晶硅是无定形态的，<111>衍射峰来自衬底；③多晶硅薄膜太薄时，衍射强度弱，没体现出衍射峰，<111>衍射峰依然来自衬底。下面对这 3 种可能一一进行分析。对于图 2-2 中的普通多晶硅薄膜，有研究表明[95,96]：采用 LPCVD 技术淀积制备多晶硅薄膜，随着薄膜厚度的增加，薄膜内晶粒数目增加，晶粒尺寸也不断增大，晶粒之间就会出现生长竞争机制，导致薄膜最先表现出<110>的优选晶向，该晶向衍射峰的峰值比其他晶向衍射峰的峰值都要强。图 2-2 也表明，随着薄膜厚度的增加，最先显露的是<110>衍射峰。因此，图 2-2 中的<111>衍射峰是单晶硅衬底的衍射峰，即图 2-2 中的多晶硅不是<111>取向的，排除可能①。而且对于普通多晶硅薄膜，当采用 LPCVD 技术且淀积温度在 620℃左右时，薄膜是多晶态的，不是非晶态的，排除可能②。图 2-6 中的多晶硅纳米薄膜样品表现出了衍射峰，因此衍射峰的出现应该和薄膜厚度及淀积温度都有关系，排除可能③。在图 2-2 中，<110>的优选晶向随着薄膜厚度的增加而逐渐显露，这是采用 LPCVD 技术在 620℃条件下淀积制备的普通多晶硅薄膜所具有的特点。

2.1.2 不同淀积温度的多晶硅纳米薄膜

多晶硅薄膜的结构对其压阻特性的影响非常显著，而淀积温度是决定 LPCVD 薄膜结构的关键参数之一。为了分析淀积温度对薄膜压阻特性的影响，本书在不同淀积温度条件下制备了多晶硅纳米薄膜（膜厚为 80nm），衬底采用<111>晶向单晶硅片，片厚为 510±10μm。具体的工艺参数如表 2-2 所示。在表 2-2 中，掺杂浓度是采用离子注入杂质原子分布的 LSS（Lindhand，Scharff and Schiott）理论计算得到的[58,60]。同样，这些多晶硅纳米薄膜样品的厚度及掺杂浓度都相同，这样就可以只考虑淀积温度对薄膜压阻特性的影响。

表 2-2 不同淀积温度的多晶硅纳米薄膜的工艺参数

氧化层		多晶硅淀积		离子注入		退火		掺杂浓度/cm^{-3}
温度/℃	厚度/μm	温度/℃	厚度/nm	能量/keV	剂量/cm^{-2}	温度/℃	时间/min	
1100	1	560	80	20	2.3×10^{15}	1080	30	2×10^{20}
1100	1	580	80	20	2.3×10^{15}	1080	30	2×10^{20}
1100	1	600	80	20	2.3×10^{15}	1080	30	2×10^{20}
1100	1	620	80	20	2.3×10^{15}	1080	30	2×10^{20}
1100	1	670	80	20	2.3×10^{15}	1080	30	2×10^{20}

为分析薄膜结构对压阻特性及其温度特性的影响，对不同淀积温度的多晶硅纳米薄膜进行了 XRD 实验和 SEM 观测，结果分别如图 2-7 和图 2-8 所示。

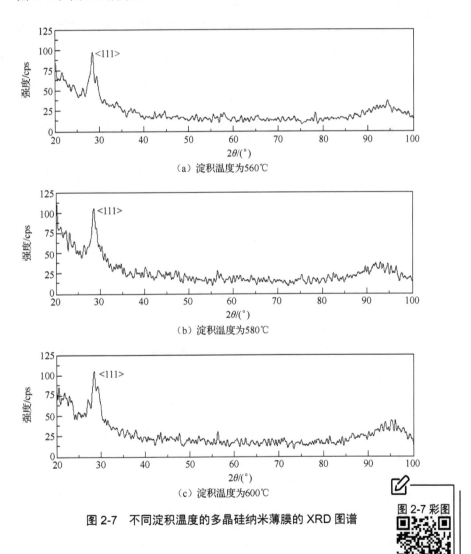

（a）淀积温度为560℃

（b）淀积温度为580℃

（c）淀积温度为600℃

图 2-7　不同淀积温度的多晶硅纳米薄膜的 XRD 图谱

图 2-7 彩图

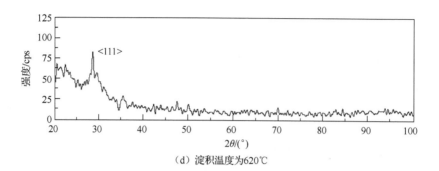

（d）淀积温度为620℃

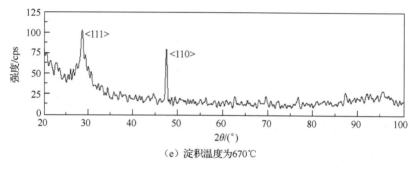

（e）淀积温度为670℃

图 2-7（续）

图 2-7 中的 XRD 图谱表明，淀积温度为 670℃的多晶硅纳米薄膜的晶粒在<110>晶向上表现出较强的优选晶向，其他薄膜的晶粒分布均具有随机取向，图 2-7 中<111>晶向上有很强的衍射峰，是由于采用<111>晶向单晶硅衬底造成的。

通过图 2-8 中不同淀积温度的多晶硅纳米薄膜的 SEM 图可知，淀积温度低于 600℃时，多晶硅纳米薄膜晶粒非常小，基本观察不到，薄膜呈无定形态；淀积温度高于 600℃时，多晶硅纳米薄膜晶粒明显，开始呈现多晶态。因此，600℃是薄膜的无定形态和多晶态的转折点，这一特点与普通多晶硅薄膜一致。淀积温度为 670℃的样品的晶粒度略大于 32nm，而淀积温度低于 620℃的样品，晶粒度略小于 32nm，晶粒度与薄膜的淀积温度基本无关。

（a）淀积温度为560℃

（b）淀积温度为580℃

图 2-8 大图

（c）淀积温度为600℃

图 2-8　不同淀积温度的多晶硅纳米薄膜的 SEM 图

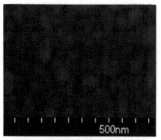

（d）淀积温度为620℃

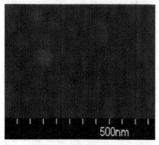

（e）淀积温度为670℃

图 2-8（续）

2.1.3 不同掺杂浓度的多晶硅纳米薄膜

　　掺杂浓度对多晶硅的压阻特性具有重要影响。为了研究掺杂浓度对多晶硅纳米薄膜压阻特性的影响，采用<111>晶向、510±10μm 厚的4 英寸单面抛光硅片为衬底，热氧化生成 1μm 厚的氧化层，然后淀积膜厚为 80nm 的多晶硅纳米薄膜。为准确控制掺杂浓度，采用离子注入技术对样品进行了硼元素掺杂。样品的工艺参数如表 2-3 所示，同样，掺杂浓度也是采用 LSS 理论计算得到的。

　　在表 2-3 中，多晶硅纳米薄膜的厚度及淀积温度都相同，这样就可以只考虑掺杂浓度对压阻特性的影响。采用 SEM 对不同掺杂浓度的多晶硅纳米薄膜样品进行观测，发现掺杂浓度对薄膜结构基本没有影响。

表 2-3　不同掺杂浓度的多晶硅纳米薄膜的工艺参数

氧化层		多晶硅淀积		离子注入		退火		掺杂浓度/cm^{-3}
温度/°C	厚度/μm	温度/°C	厚度/nm	能量/keV	剂量/cm^{-2}	温度/°C	时间/min	
1100	1	620	80	20	9.4×10^{13}	1080	30	8.1×10^{18}
1100	1	620	80	20	2.3×10^{14}	1080	30	2.0×10^{19}
1100	1	620	80	20	4.7×10^{14}	1080	30	4.1×10^{19}
1100	1	620	80	20	8.2×10^{14}	1080	30	7.1×10^{19}
1100	1	620	80	20	1.2×10^{15}	1080	30	1.0×10^{20}
1100	1	620	80	20	2.3×10^{15}	1080	30	2.0×10^{20}
1100	1	620	80	20	4.7×10^{15}	1080	30	4.1×10^{20}
1100	1	620	80	20	8.2×10^{15}	1080	30	7.1×10^{20}

2.2　工艺条件对多晶硅纳米薄膜压阻特性的影响

　　采用 LPCVD 技术制备了不同膜厚、不同淀积温度和不同掺杂浓度的多晶硅薄膜，并通过 MEMS 工艺，将淀积了薄膜的硅片制成了分布着纵向和横向薄膜电阻的悬臂梁，为多晶硅纳米薄膜压阻特性的研究提供了实验样品。为了研究工艺条件对多晶硅纳米薄膜压阻特性的影响，进行了应变系数和温度特性的测试。多晶硅的纵向应变系数总是比横向应变系数要大，更具实际意义，因此通常只给出薄膜电阻纵向压阻特性的测试结果。

2.2.1　膜厚对多晶硅薄膜压阻特性的影响

　　为了研究膜厚对多晶硅薄膜压阻特性的影响，对表 2-1 中 8 种不同膜厚多晶硅薄膜的纵向应变系数进行了测试，结果如图 2-9 所示。图 2-9 中每个数据点都是 10 个以上相同工艺薄膜电阻测试结果的平均值。

　　在图 2-9 中，曲线可分为 4 个区域，下面对这 4 个区域多晶硅薄膜表现出的压阻特性分别进行解释。区域Ⅰ：普通多晶硅薄膜区。膜厚大于 150nm，纵向应变系数较小且随膜厚的降低而略有减小。在区域Ⅰ内，薄膜的晶粒度较大，隧道压阻效应并不显著，几乎可以忽略，这也是其他研究者忽略隧道压阻效应的原因，根据多晶硅压阻理论可知，此时纵向应变系数较小。另外根据 2.1.1 节的 XRD 图谱和 SEM 图可知，在此膜厚范围内，晶粒度基本相同，在 70nm 左右，但膜厚较大的薄膜具有<110>优选晶向，因此纵向应变系数随着膜厚的降低而略有减小。区域Ⅱ：过渡区。膜厚在 89～150nm，纵向应变系数随膜厚的降低而显著增加。在区域Ⅱ内，普通多晶硅薄膜开始向多晶硅纳米薄膜过渡，随着膜厚的减小，晶界状态基本相同，但晶粒度急剧减小，晶界处的隧道压阻效应开始发挥作用，因此纵向应变系数开始变大。区域Ⅲ：多晶硅纳米薄膜区。膜厚在 41～89nm，纵向应变系数较大，尤其 89nm 厚的薄膜纵向应变系数最大。在区域Ⅲ内，晶界处的隧道压阻效应已经占据主导地位，因此纵向应变系数大于区域Ⅰ和区域Ⅱ的纵向应变系数。在区域Ⅲ内，由于膜厚的减小导致薄膜结晶状态变差，晶界陷阱密度增加，纵向应变系数减小。区域Ⅳ：纳晶硅区。膜厚小于 41nm，纵向应变系数随膜厚的降低又表现出增加的现象。在区域Ⅳ内，薄膜非常薄，晶粒非常小，开始表现出纳晶硅的特性，纵向应变系数又开始增加。虽然纳晶硅的纵向应变系数较大，但由于薄膜的电学特性很不稳定，目前还不适合于传感器应用。

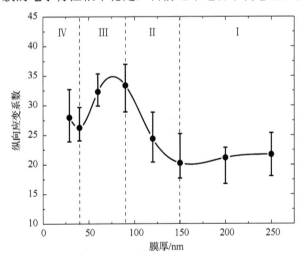

图 2-9　多晶硅薄膜纵向应变系数与膜厚的关系

在 23～270℃的温度范围内，对不同膜厚薄膜样品的电阻与纵向应变系数进行了测试，结果分别如图 2-10 和图 2-11 所示。在图 2-10 中，为了便于作图，对每个薄膜样品的电阻都做了归一化处理。

图 2-10 彩图

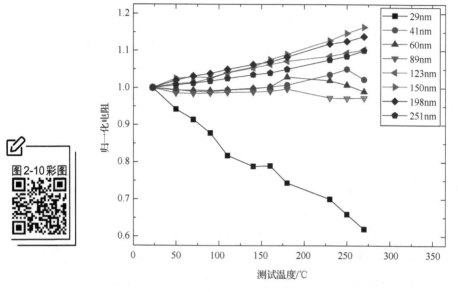

图 2-10　不同膜厚薄膜样品的归一化电阻与测试温度的关系

图 2-11 彩图

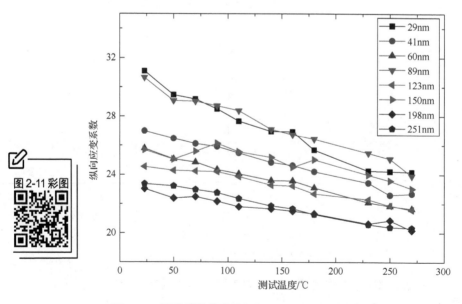

图 2-11　不同膜厚薄膜样品的纵向应变系数与测试温度的关系

　　根据图 2-10 和图 2-11 的测试数据，计算了不同膜厚薄膜样品电阻的温度系数（Temperature Coefficient of Resistance，TCR）和应变系数的温度系数（Temperature Coefficient of Gauge Factor，TCGF），结果如图 2-12 所示。

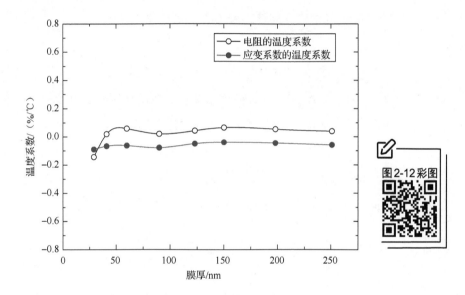

图 2-12　多晶硅薄膜 TCR 和 TCGF 与膜厚的关系

　　因为在图 2-10 和图 2-11 中的实验数据并不是线性的，所以在计算每一条曲线的 TCR 与 TCGF 时，采用了最小二乘拟合直线法。该方法能够保证拟合直线和每个实验数据点之间的方差最小，从而保证计算出的温度系数 TCR 和 TCGF 是合理的。

　　由图 2-12 可见，膜厚在 40～90nm 范围内的多晶硅纳米薄膜的 TCR 在 0.01%/℃左右，比普通多晶硅薄膜的 TCR（0.05%/℃～0.1%/℃）要小近一个数量级；而 TCGF 基本上不随膜厚变化。综合本节的分析结果可知，膜厚在 80～90nm 范围的多晶硅纳米薄膜不但具有最大的应变系数，而且具有比普通多晶硅薄膜更小的 TCR。通过膜厚与应变系数、TCR 及 TCGF 的关系可知，80～90nm 即为多晶硅纳米薄膜的优化膜厚工艺条件。

2.2.2　淀积温度对多晶硅纳米薄膜压阻特性的影响

为了研究淀积温度对多晶硅纳米薄膜压阻特性的影响，对于采用表 2-2 中不同淀积温度多晶硅纳米薄膜制成的测试样品进行测试，常温下应变系数与淀积温度的关系如图 2-13 所示。图 2-13 中每个实验点对应的数值分别是 30～68 个相同薄膜电阻测试结果的平均值，样品的掺杂浓度均为 $2 \times 10^{20} \mathrm{cm}^{-3}$。为便于分析淀积温度对压阻特性的影响，同时给出了电阻率的测试结果，如图 2-14 所示。

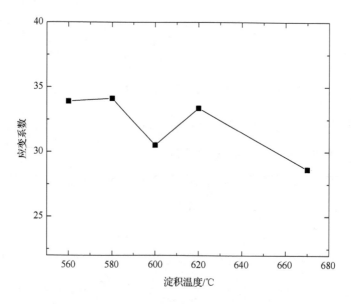

图 2-13　多晶硅纳米薄膜应变系数与淀积温度的关系

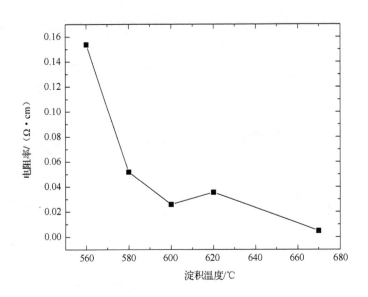

图 2-14　多晶硅纳米薄膜电阻率与淀积温度的关系

由图 2-13 和图 2-14 可知，淀积温度为 560℃和 580℃的多晶硅纳米薄膜虽然具有较大的应变系数，但其电阻率较高，薄膜稳定性差，不利于电阻应用，这应该是由于薄膜内无定形态硅较多，而多晶硅晶粒很少的原因，如图 2-8（a）、（b）所示；而对于淀积温度为 600℃、620℃和 670℃的多晶硅纳米薄膜，它们的电学特性都比较稳定，但淀积温度为 620℃的多晶硅纳米薄膜应变系数较大。因此从稳定性和应变系数的角度来说，620℃是多晶硅纳米薄膜的优化淀积温度工艺条件。

在 23～270℃的温度范围内，对不同淀积温度多晶硅纳米薄膜样品的电阻和纵向应变系数进行测试，结果分别如图 2-15 和图 2-16 所示。

图2-15彩图

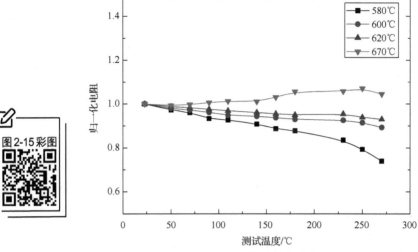

图 2-15　不同淀积温度多晶硅纳米薄膜样品的归一化
电阻与测试温度的关系

图2-16彩图

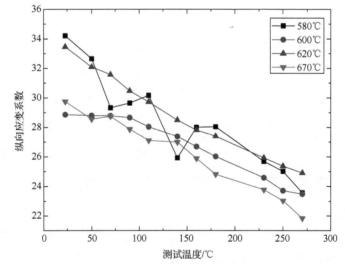

图 2-16　不同淀积温度多晶硅纳米薄膜样品的纵向
应变系数与测试温度的关系

在图 2-15 中，对每个淀积温度多晶硅纳米薄膜样品的电阻都做了归一化处理。由于 560℃淀积温度多晶硅纳米薄膜的电阻率较大，电阻随测试温度的变化非常不稳定，因此没有得到有效的测试结果。

根据图 2-15 和图 2-16 的测试数据，计算不同淀积温度多晶硅纳米薄膜样品的 TCR 和 TCGF，结果如图 2-17 所示。

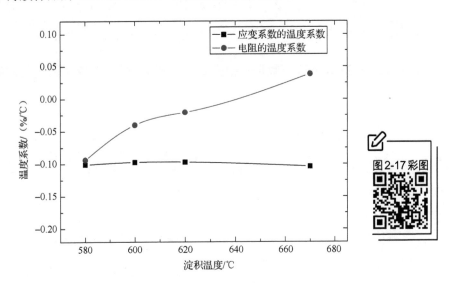

图 2-17　不同淀积温度多晶硅纳米薄膜样品的 TCR 和 TCGF

从图 2-17 可以看出，多晶硅纳米薄膜的 TCGF 基本不随淀积温度的变化而变化，都在-0.1%/℃附近。而对于淀积温度为 620℃的多晶硅纳米薄膜样品，其 TCR 为负值且绝对值最小，从温度系数角度考虑，选用淀积温度为 620℃的多晶硅纳米薄膜样品较佳。总之，无论是从稳定性和应变系数的角度，还是从温度系数的角度出发，都应该选择620℃作为多晶硅纳米薄膜的优化淀积温度工艺条件。

2.2.3　掺杂浓度对多晶硅纳米薄膜压阻特性的影响

为了研究掺杂浓度对多晶硅纳米薄膜压阻特性的影响，对掺杂浓度从 $8.1 \times 10^{18} \mathrm{cm}^{-3}$ 到 $7.1 \times 10^{20} \mathrm{cm}^{-3}$ 的多晶硅纳米薄膜样品，在室温下进行应变系数的测试。应变系数与掺杂浓度的测试结果如图 2-18 所示。图 2-18 中每个数据点都是 20 个以上相同工艺薄膜电阻测试结果的平均值。

由图 2-18 可见，掺杂浓度从 $8.1 \times 10^{18} \mathrm{cm}^{-3}$ 一直变化到 $7.1 \times 10^{20} \mathrm{cm}^{-3}$，多晶硅纳米薄膜的纵向和横向应变系数都是先增大后减小，最后基本不再发生变化，纵向应变系数始终大于横向应变系数。在此掺杂浓度范围内，多晶硅纳米薄膜的纵向应变系数一直在 30～40 之间。当掺杂浓度为 $4.1 \times 10^{19} \mathrm{cm}^{-3}$ 时，纵向应变系数出现峰值，接近 40，之后随着掺杂浓度的进一步增加，纵向应变系数虽然略有下降，但都在 30 以上。当掺杂浓度高于 $2 \times 10^{20} \mathrm{cm}^{-3}$ 时，应变系数基本不再随掺杂浓度的变化而变化。多晶硅纳米薄膜在高掺杂浓度条件下，应变系数并不随着掺杂浓度的升高而迅速下降，这一特点可用来在保证传感器灵敏度的同时降低其温度系数。由图 2-18 可知，利用多晶硅纳米薄膜时，其掺杂浓度最好在 $2 \times 10^{20} \mathrm{cm}^{-3}$ 以上。

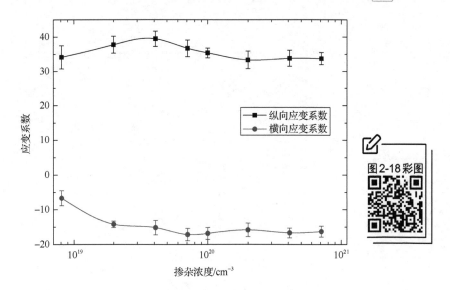

图 2-18　多晶硅纳米薄膜应变系数与掺杂浓度的关系

在 23～270℃ 的温度范围内，对掺杂浓度从 $4.1 \times 10^{19} cm^{-3}$ 到 $7.1 \times 10^{20} cm^{-3}$ 的多晶硅纳米薄膜样品的电阻和应变系数进行测试,结果分别如图 2-19 和图 2-20 所示。在图 2-19 中，对每个掺杂浓度多晶硅纳米薄膜样品的电阻都做了归一化处理。根据图 2-19 的测试数据，计算不同掺杂浓度多晶硅纳米薄膜样品的 TCR，结果如图 2-21 所示。由图 2-21 可知，随着掺杂浓度的增加，TCR 从负值变为正值，这一特点和普通多晶硅薄膜是一致的,并且 TCR 和掺杂浓度基本成线性关系。在高掺杂浓度情况下，多晶硅纳米薄膜的 TCR 非常小。当掺杂浓度为 $2 \times 10^{20} cm^{-3}$ 时，TCR 为-0.025%/℃，当掺杂浓度为 $4.1 \times 10^{20} cm^{-3}$ 时，TCR 为 0.029%/℃。利用线性近似可估计，掺杂浓度在 $3 \times 10^{20} cm^{-3}$ 左右时，TCR 约为 0.004%/℃，该 TCR 比在膜厚与压阻特性测试中得到的 TCR（掺杂浓度为 $2.3 \times 10^{20} cm^{-3}$ 时，TCR 为 0.01%/℃）还要小。

图 2-19 彩图

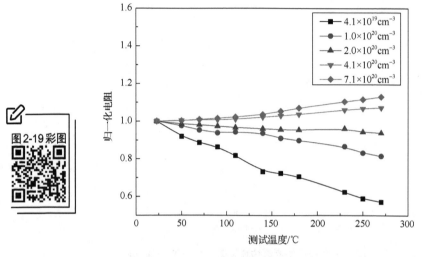

图 2-19　不同掺杂浓度多晶硅纳米薄膜样品的
归一化电阻与测试温度的关系

图 2-20 彩图

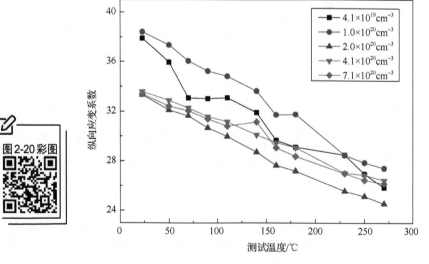

图 2-20　不同掺杂浓度多晶硅纳米薄膜样品的
纵向应变系数与测试温度的关系

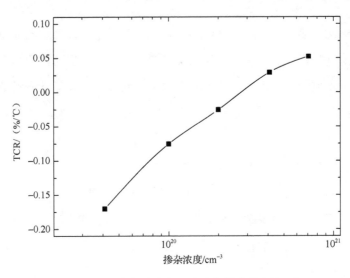

图 2-21　不同掺杂浓度多晶硅纳米薄膜样品的 TCR

　　根据图 2-20 的测试数据，计算不同掺杂浓度多晶硅纳米薄膜样品的 TCGF，结果如图 2-22 所示。

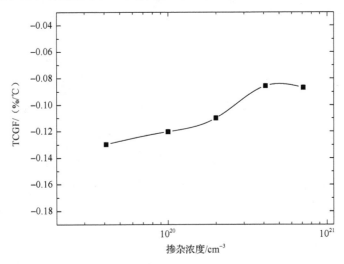

图 2-22　不同掺杂浓度多晶硅纳米薄膜样品的 TCGF

由图 2-22 可知，多晶硅纳米薄膜的 TCGF 始终是负值，而且随掺杂浓度的提高而变小。也就是说，同样可以通过提高掺杂浓度来降低应变系数的温度系数，这一特点和单晶硅及普通多晶硅薄膜是一致的。但并不是掺杂浓度越高就越好，因为曲线的最右端已经基本不再发生变化了。

由图 2-18、图 2-21 和图 2-22 可知，当掺杂浓度为 $3 \times 10^{20} cm^{-3}$ 时，多晶硅纳米薄膜的应变系数在 34 附近，TCGF 约为-0.11%/℃，这就实现了同时获得高灵敏度和低温度系数；同时 TCR 约为 0.004%/℃，有利于降低零点热漂移。因此，选择 $3 \times 10^{20} cm^{-3}$ 作为多晶硅纳米薄膜的优化掺杂浓度工艺条件。

2.3 工艺条件对多晶硅纳米薄膜压阻非线性的影响

压阻非线性是指应力或应变产生的电阻变化与应力或应变的函数关系偏离线性的现象。对于一般精度的传感器，硅材料压阻效应的线性度已经足够，但对于高精度的传感器应用，就需要研究压阻效应的非线性了[61-63]。研究如何根据压阻效应自身的特点来减小非线性，对于传感器的设计（对于扩散硅压敏电阻，主要是版图设计）是非常重要的[64-66]。由于多晶硅的压阻效应起源于单晶硅，因此先对单晶硅的压阻非线性进行介绍。

2.3.1　单晶硅压阻非线性

P 型单晶硅的压阻效应起源于应力导致硅原子 P 轨道自旋分裂形成的四重简并状态解除，即应力退耦。应力退耦使得单晶硅价带顶处两个重合的能带分开，形成具有旋转椭球等能面的两个能带，即轻空穴带和重空穴带。在这两个能带中的空穴分别具有各向异性的有效质量，应力会导致两个能带中的空穴进行转移，两个能带由于具有不同的空穴有效质量，因此导致电导率发生变化，进而产生压阻效应[67,68]。

关于 P 型单晶硅压阻效应非线性的物理起源可解释如下[61,63]：在单晶硅布里渊区中心存在 3 个能带：重空穴带、轻空穴带和自旋分裂带。无应力存在时，重空穴带和轻空穴带是重合的；有应力存在时，单晶硅价带顶处两个重合的能带分裂成重空穴带和轻空穴带。当施加单轴压应力时，重空穴带上移，而轻空穴带下移；当施加单轴张应力时，轻空穴带上移，而重空穴带下移。能带分裂过程中，轻空穴带因为不受自旋分裂带的影响（即带混现象，band-mixing），所以轻空穴带的迁移和应力是成比例的；而重空穴带因为受到自旋分裂带的影响，所以重空穴带的迁移和应力不成比例。这样在能带分裂后，载流子在重空穴带和轻空穴带之间的转移就不和应力成比例，所以产生压阻效应的非线性。

固体材料的电阻值会随其所受应力或应变的变化而变化。对于半导体材料，其电阻值的变化主要源于压阻效应，而由于材料几何体形变所导致的电阻变化可以被忽略。对于单晶硅材料，其电阻值与应力的关系可表示为

$$\frac{\Delta R}{R} = \sum_n \pi^{(n)} \sigma^n \tag{2-1}$$

式中：R ——初始电阻值；

ΔR ——电阻变化；

σ ——应力；

$\pi^{(n)}$ ——第 n 阶压阻系数。

由于三阶及三阶以上的压阻系数都非常小，因此通常被忽略。于是式（2-1）变为

$$\frac{\Delta R}{R} = \pi^{(1)} \sigma + \pi^{(2)} \sigma^2 \tag{2-2}$$

通过式（2-2）可知，正是由于二阶压阻系数 $\pi^{(2)}$ 的存在，导致了单晶硅电阻和应力之间的非线性关系。

对于 P 型单晶硅，其一阶压阻系数和二阶压阻系数满足如下关系[63]。

$$\pi_v^{(1)} = \frac{2\gamma_3}{\gamma_1} \cdot \frac{D_u'}{3C_{44}K_0T}, \quad \pi_v^{(2)} = \left(\pi_v^{(1)}\right)^2$$
$$\pi_t^{(1)} = -\frac{1}{2}\pi_v^{(1)}, \quad \pi_t^{(2)} = \left(\pi_t^{(1)}\right)^2 \tag{2-3}$$

式中：γ_1，γ_3 ——由回旋共振实验确定的参数，分别为 4.26 和 1.56；

D_u' ——形变势常数；

C_{44} ——响应刚度系数；

K_0 ——玻尔兹曼常数；

T ——绝对温度。

在式（2-3）中，下标 v 和 t 分别表示纵向和横向，上标(1)和(2)

分别表示一阶和二阶。式（2-3）虽然只是一种近似表达式，但对于压阻非线性的定性分析已经足够[63]。

2.3.2　掺杂浓度对多晶硅纳米薄膜压阻非线性的影响

在 2.2.3 节中，我们已经得到多晶硅纳米薄膜应变系数与掺杂浓度的关系，在此实验数据的基础上利用下式计算压阻非线性[69]。

$$N = \left| \frac{\Delta Y_{max}}{Y_{max} - Y_{min}} \right| \times 100\% \qquad (2-4)$$

式中：ΔY_{max} ——最佳直线和输出直线之间的最大偏差，最佳直线是
采用最小二乘法或端点直线法得到的拟合直线；

$Y_{max} - Y_{min}$ ——输出量程。

多晶硅纳米薄膜压阻非线性与掺杂浓度的测试结果如图 2-23 所示。

从图 2-23 可以看出，当掺杂浓度低于 $4.1 \times 10^{19} cm^{-3}$ 时，多晶硅纳米薄膜的横向、纵向压阻非线性都比较大，且随着掺杂浓度的升高而迅速减小；当掺杂浓度为 $4.1 \times 10^{19} cm^{-3}$ 时，压阻非线性达到最小，此时横向压阻非线性为 1.77%，纵向压阻非线性为 1%；当掺杂浓度高于 $4.1 \times 10^{19} cm^{-3}$ 时，压阻非线性比较稳定，纵向压阻非线性的变化范围为 1.92%～2.84%，横向压阻非线性的变化范围稍大一些，为 2.62%～4.79%。除了掺杂浓度为 $1.0 \times 10^{20} cm^{-3}$ 这一点外，横向压阻非线性始终大于纵向压阻非线性。这说明在利用多晶硅纳米薄膜的压阻效应时，

应尽量利用其纵向压阻效应。

图2-23彩图

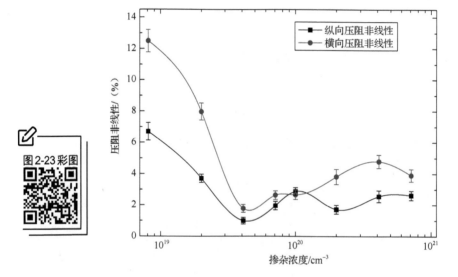

图 2-23　多晶硅纳米薄膜压阻非线性与掺杂浓度的关系

2.3.3　多晶硅纳米薄膜压阻非线性分析

　　P 型单晶硅压阻效应是由于应力导致价带顶附近的两个简并能带分裂，空穴在分裂的能带间转移。由于这两个能带的空穴有效质量不同，转移使空穴的迁移率发生改变，电导率发生变化，因此产生压阻效应。根据多晶硅纳米薄膜的隧道压阻理论可知[26]，P 型多晶硅纳米薄膜中的隧道压阻效应也源于空穴在这两个分裂能带间的转移，即多晶硅纳米薄膜和单晶硅的压阻效应有着相同的物理起源。

　　多晶硅材料由许多小晶粒组成，在每个晶粒内部原子呈周期性排列，因此可把每个晶粒看成是一个小的单晶体，它们各自具有不同的晶向，连接不同晶向单晶晶粒的是晶粒间界，简称晶界。晶界是一个晶向晶粒向另一个晶向晶粒的过渡区，其结构复杂，原子呈无序排列。由于原子在晶界处无序排列，因此存在大量缺陷态和悬挂键，形成高密度的陷阱态。在晶粒内，杂质电离产生的载流子首先被陷阱态俘获，陷阱态俘获载流子后荷电形成势垒区，同时晶粒失去载流子形成晶粒中性区和耗尽区。正是由于晶界具有显著的压阻效应，才导致多晶硅纳米薄膜的压阻特性区别于普通多晶硅薄膜。

根据隧道压阻理论可知，晶粒中性区（单晶硅）的压阻系数和晶界的压阻系数分别如式（2-5）和式（2-6）所示。

$$\pi_{gv} = \frac{0.695}{3} \cdot D_u' C_{44}^{-1} \cdot \frac{-3}{2\xi_v}$$
$$\pi_{gt} = -\frac{0.435}{3} \cdot D_u' C_{44}^{-1} \cdot \frac{-3}{2\xi_v} \tag{2-5}$$

$$\pi_{\delta v} = \frac{0.984}{3} \cdot D_u' C_{44}^{-1} \cdot \frac{-3}{2\xi_v}$$
$$\pi_{\delta t} = -\frac{0.702}{3} \cdot D_u' C_{44}^{-1} \cdot \frac{-3}{2\xi_v} \tag{2-6}$$

式中：　ξ_v —— 费米能级与价带能级之差；

　　　　D_u —— 形变势常数；

　　　　C_{44} —— 响应刚度系数。

式（2-5）中的下标 g 和式（2-6）中的下标 δ 分别代表晶粒中性区和晶界。通过比较式（2-5）和式（2-6）可知，晶界压阻系数的表达式和晶粒中性区非常相似，所差的仅仅是一个比例系数而已。这也验证了多晶硅纳米薄膜和单晶硅二者压阻效应的物理起源是相同的。因此对于晶界来说，式（2-3）中所表示的一阶和二阶压阻系数之间的关

系同样也应该适用。于是可以得到晶界和晶粒中性区二阶压阻系数之间的关系为

$$
\begin{aligned}
\pi_{\delta v}^{(2)} &= 1.98\pi_{gv}^{(2)} \\
\pi_{\delta t}^{(2)} &= 2.6\pi_{gt}^{(2)}
\end{aligned}
\tag{2-7}
$$

通过式（2-7）可知，晶界的二阶压阻系数比晶粒中性区的二阶压阻系数大，可以这样理解：晶界放大了晶粒中性区的一阶压阻系数，同样也对二阶压阻系数进行了放大。晶界的压阻非线性比晶粒中性区的压阻非线性大，即多晶硅的压阻非线性主要来源于晶界。

多晶硅纳米薄膜电阻率与掺杂浓度的测试结果如图 2-24 所示。

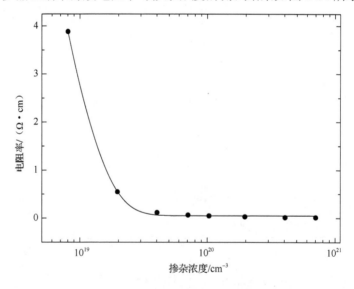

图 2-24　多晶硅纳米薄膜电阻率与掺杂浓度的关系

由图 2-24 可知，当掺杂浓度低于 $4.1\times10^{19}\text{cm}^{-3}$ 时，多晶硅纳米薄膜样品的电阻率都比较大，尤其对于掺杂浓度为 $4.1\times10^{18}\text{cm}^{-3}$ 和 $6.0\times10^{18}\text{cm}^{-3}$ 的多晶硅纳米薄膜样品，其电阻率大到几乎无法测量，数

据无法获得，原因是掺杂浓度太低，多晶硅纳米薄膜内所有晶粒全部耗尽，导致电阻率非常大。而掺杂浓度为 $8.1\times10^{18}cm^{-3}$ 的样品，电阻率降为 $3.89\Omega\cdot cm$，这表明此时多晶硅纳米薄膜内晶粒的状态由全部耗尽开始向部分耗尽转变，于是将掺杂浓度 $8.1\times10^{18}cm^{-3}$ 看成临界掺杂浓度，其意义为所有晶粒的状态由全部耗尽开始向部分耗尽转变，此掺杂浓度即为多晶硅纳米薄膜实际应用的最低掺杂浓度。当掺杂浓度高于 $4.1\times10^{19}cm^{-3}$ 时，电阻率迅速减小。当掺杂浓度低于 $4.1\times10^{19}cm^{-3}$ 但高于临界掺杂浓度时，多晶硅纳米薄膜内一些晶粒完全耗尽，其他晶粒都是部分耗尽，晶界处的陷阱态未被完全占据，导致电阻率较大。当掺杂浓度高于 $4.1\times10^{19}cm^{-3}$ 时，多晶硅纳米薄膜内几乎所有晶粒都是部分耗尽，晶界陷阱态被完全占据，电阻率很小。

根据式（2-6）可知，对于多晶硅纳米薄膜，晶界的压阻非线性比晶粒中性区的压阻非线性大。当掺杂浓度低于 $4.1\times10^{19}cm^{-3}$ 时，晶界处的陷阱态未被完全占据，晶界电阻比晶粒中性区电阻要大，而且此时耗尽区宽度较大，导致晶粒中性区的宽度和晶界的宽度接近，于是此时晶界的压阻效应起主要作用，当然晶界的压阻非线性在多晶硅中也起主要作用，于是多晶硅的压阻非线性较大。随着掺杂浓度的提高，晶界的电阻成指数次幂下降，而晶粒中性区的电阻成线性次幂下降，于是多晶硅的电阻由晶界电阻占优逐渐变为晶粒中性区电阻占优，而且掺杂浓度的提高也会减小耗尽区的宽度，导致晶粒中性区的宽度远大于晶界的宽度，这样晶粒中性区的压阻效应开始逐渐起主要作用，于是多晶硅的压阻非线性转变为由晶粒中性区的压阻非线性决定，自然就变小了。随着掺杂浓度的提高，多晶硅的压阻非线性由晶界的压阻非线性占优而逐渐转变为晶粒中性区的压阻非线性占优，所以压阻非线性随着掺杂浓度的提高而减小。由于晶界陷阱态对载流子的俘获情况会发生变化[70]，这使得进一步分析非线性变得非常困难。

从图 2-23 可以看出，掺杂浓度高于 $4.1\times10^{19}\mathrm{cm}^{-3}$ 时，压阻非线性较小；而掺杂浓度低于 $4.1\times10^{19}\mathrm{cm}^{-3}$ 时，压阻非线性迅速增大。因此，对于多晶硅纳米薄膜的应用，掺杂浓度应高于 $4.1\times10^{19}\mathrm{cm}^{-3}$，同时因为横向压阻非线性大于纵向压阻非线性，所以应尽量利用多晶硅纳米薄膜的纵向压阻效应。掺杂浓度对多晶硅纳米薄膜压阻非线性的影响分析，为将多晶硅纳米薄膜应用于压力传感器提供设计依据。

2.4 多晶硅纳米薄膜优化工艺条件

通过前面对多晶硅纳米薄膜压阻特性的研究，可以获得具有最佳压阻特性的薄膜优化工艺条件如下：采用 LPCVD 技术淀积制备多晶硅纳米薄膜，淀积温度为 620℃，薄膜厚度控制在 80～90nm，掺杂浓度在 $3\times10^{20}\mathrm{cm}^{-3}$ 附近。此时薄膜的性能参数为：应变系数在 34 左右，TCGF 在 -0.11%/℃ 附近，TCR 在 0.004%/℃ 附近。

现将优化工艺条件下多晶硅纳米薄膜和普通多晶硅薄膜的性能进行比较，结果如表 2-4 所示。

表 2-4　优化工艺条件下多晶硅纳米薄膜和普通多晶硅薄膜性能比较

比较项目	掺杂浓度/cm^{-3}	应变系数	TCGF/（%/℃）	TCR/（%/℃）
普通多晶硅薄膜①[20]	3×10^{19}	37	-0.19	0.05
普通多晶硅薄膜②[20]	$1\times10^{20}\sim2\times10^{20}$	≤20	-0.1	0.1
多晶硅纳米薄膜	3×10^{20}	34	-0.11	0.004

通过比较可以看出，对于普通多晶硅薄膜有两套优化工艺条件。掺杂浓度为 $3\times10^{19}\text{cm}^{-3}$ 的薄膜，应变系数大，保证了高灵敏度，但由于 TCGF（绝对值）大，因此温度特性差；而掺杂浓度为 $1\times10^{20}\sim2\times10^{20}\text{cm}^{-3}$ 的薄膜，TCGF（绝对值）小，且由于 TCR 和 TCGF 大小相等，符号相反，可以利用恒流源供电来实现灵敏度温度漂移的自补偿，因此温度特性好，但此时应变系数小，所以灵敏度低。而且这两套优化工艺条件的共同缺点是都具有较大的 TCR，不利于降低零点热漂移。多晶硅纳米薄膜和普通多晶硅薄膜相比，其应变系数较大，而且 TCGF 小，同时 TCR 降低了近一个数量级。因此，若采用多晶硅纳米薄膜作为压力传感器压敏电阻的制作材料，可以在保证灵敏度的同时，降低其温度系数，同时还能降低零点热漂移。多晶硅纳米薄膜优化工艺条件的获得为研制压力传感器提供了必要的设计依据。

由图 2-18 和图 2-23 可知，掺杂浓度为 $4.1\times10^{19}\text{cm}^{-3}$ 时，可得到最大纵向应变系数（接近 40）和最小纵向压阻非线性（1%）。由图 2-21 和图 2-22 可知，掺杂浓度为 $4.1\times10^{19}\text{cm}^{-3}$ 时，TCGF 为-0.13%/℃，TCR 为-0.17%/℃。和掺杂浓度为 $3\times10^{20}\text{cm}^{-3}$ 的多晶硅纳米薄膜相比，TCGF 稍大，TCR 要高 40 多倍。多晶硅纳米薄膜非常薄，对掺杂浓度的控制要求很高，如果能够保证工艺精度，同时又只考虑提高灵敏度和减小非线性而不考虑温度系数，那么掺杂浓度 $4.1\times10^{19}\text{cm}^{-3}$ 将是个非常好的选择。而对于本书所研究的多晶硅纳米薄膜压力传感器，主要考虑的就是如何在保证灵敏度的同时降低温度系数，同时降低零点热漂移。因此，对于制作压力传感器压敏电阻的多晶硅纳米薄膜，其优化掺杂浓度并不选择具有最小压阻非线性和最大应变系数的 $4.1\times10^{19}\text{cm}^{-3}$，而是选择 $3\times10^{20}\text{cm}^{-3}$，因为该掺杂浓度既能够保证高灵敏度和低温度系数，同时又能降低对掺杂工艺的严格要求。

2.5 本章小结

本章主要研究了工艺条件对多晶硅纳米薄膜压阻特性的影响。利用 LPCVD 技术制备了不同膜厚、不同淀积温度和不同掺杂浓度的多晶硅薄膜，并对所制备的薄膜利用 SEM、TEM 和 XRD 实验进行了微观结构表征。

为了选取优化工艺条件，针对不同工艺条件下制备的多晶硅薄膜系统地进行了压阻特性测试。实验结果表明，淀积温度为 620℃时，膜厚在 80～90nm，掺杂浓度在 $3\times10^{20}cm^{-3}$ 附近的多晶硅纳米薄膜具有最佳压阻特性，此时应变系数达到 34 左右，TCGF 约为-0.11%/℃，TCR 小于 0.01%/℃。优化工艺条件的选取保证了多晶硅纳米薄膜可同时获得高灵敏度和低温度系数，为利用多晶硅纳米薄膜研制压力传感器提供了必要的设计依据。

本章对多晶硅纳米薄膜压阻非线性与掺杂浓度的关系进行了实验研究，并进行了理论分析。分析结果表明，多晶硅纳米薄膜的压阻非线性主要来源于晶界，随着掺杂浓度的提高，压阻非线性迅速减小。压阻非线性的研究结果同样为研制多晶硅纳米薄膜压力传感器提供了设计依据。

第 3 章

多晶硅纳米薄膜的杨氏模量研究

　　在压阻特性方面，多晶硅的杨氏模量是联系其压阻系数和应变系数的参数。几乎所有关于多晶硅的压阻理论都是先计算出压阻系数，然后与多晶硅的杨氏模量相乘而得到应变系数，因为应变系数在大多数应用研究中更具有实际意义。在隧道压阻理论中，多晶硅纳米薄膜的杨氏模量是采用单晶硅的杨氏模量与一修正系数相乘而来，而对该修正系数的取值并没有进行合理解释。同时在机械特性方面，杨氏模量是表征材料抵抗形变能力的物理量，反映了材料应力与应变的关系。杨氏模量是材料基本的力学参数之一，如在确定薄膜残余应力、热应力或外界作用（拉伸、弯曲等）所引起的应力过程中，薄膜的杨氏模量必须是已知的[71-73]。本书所要研究的多晶硅纳米薄膜压力传感器是在单晶硅硅杯表面淀积一层二氧化硅作为绝缘层，然后在绝缘层表面淀积多晶硅纳米薄膜，利用多晶硅纳米薄膜的压阻效应完成对压力的测量，因此分析多晶硅纳米薄膜所受到的应变对分析传感器非常重要。为了对传感器的结构进行优化设计，需要对多晶硅纳米薄膜压力传感器进行有限元仿真分析。在建立有限元模型过程中，为了使有限元模型和实际情况更加接近，抛弃了压力传感器有限元分析惯用的单层膜法[74]，所建立的压力传感器有限元模型包括硅杯、二氧化硅绝缘层和多晶硅纳米薄膜层。因此，在有限元建模分析过程中，多晶硅纳米薄膜的杨氏模量必须是已知的。

　　本章首先介绍了单晶硅的杨氏模量，然后根据多晶硅纳米薄膜的生长、结构特点，建立一种适合于多晶硅纳米薄膜的晶粒模型。以该模型为基础，提出了用于计算多晶材料纳米薄膜杨氏模量的方法，并计算了多晶硅纳米薄膜的杨氏模量。利用原位纳米力学测试系统对多晶硅纳米薄膜的杨氏模量进行了测量，并将理论计算结果与测试结果进行比较分析。

3.1 单晶硅的杨氏模量

因为多晶硅是由不同晶向的单晶硅晶粒组成，所以有必要先介绍一下单晶硅的杨氏模量。单晶硅是各向异性弹性材料，其应力与应变的关系由广义胡克定律来表示[75]。

$$\sigma_q' = \sum_p c_{qp}' \varepsilon_p', \quad \varepsilon_p' = \sum_q s_{pq}' \sigma_q' \quad (p, q = 1, 2, \cdots, 6) \tag{3-1}$$

式中：σ_q'——应力分量；

$\quad\quad \varepsilon_p'$——应变分量；

$\quad\quad c_{qp}'$——刚度系数；

$\quad\quad s_{pq}'$——屈服系数。

在式（3-1）中，上标"′"表示任意直角坐标系，不带上标"′"表示主晶轴坐标系。c_{qp}' 和 s_{pq}' 都有 36 个分量，但由于刚度系数矩阵和屈服系数矩阵都是对称阵，因此最多有 21 个分量。对于立方晶体（如硅和锗），在主晶轴坐标系内有

$$\boldsymbol{S} = \begin{bmatrix} s_{11} & s_{12} & s_{12} & 0 & 0 & 0 \\ s_{12} & s_{11} & s_{12} & 0 & 0 & 0 \\ s_{12} & s_{12} & s_{11} & 0 & 0 & 0 \\ 0 & 0 & 0 & s_{44} & 0 & 0 \\ 0 & 0 & 0 & 0 & s_{44} & 0 \\ 0 & 0 & 0 & 0 & 0 & s_{44} \end{bmatrix} \tag{3-2}$$

式中：S——屈服系数矩阵。

对于刚度系数矩阵 C 也有类似的表达式。硅在主晶轴坐标系中的屈服系数和刚度系数已经通过实验获得了，分别为：$c_{11}=165.7\text{GPa}$，$c_{12}=63.9\text{Gpa}$，$c_{44}=79.6\text{Gpa}$，$s_{11}=7.68\times10^{-3}/\text{GPa}$，$s_{12}=-2.14\times10^{-3}/\text{GPa}$，$s_{44}=12.6\times10^{-3}/\text{GPa}$ [75-77]。

通过张量转换，可得立方晶体旋转坐标系中的刚度系数和屈服系数，如表 3-1 所示[75]。

表 3-1　立方晶体旋转坐标系中的刚度系数和屈服系数

系数表达式	类似的系数
$c_{11}'=c_{11}+c_c\left(l_1^4+m_1^4+n_1^4-1\right)$	c_{22}',c_{33}'
$c_{12}'=c_{12}+c_c\left(l_1^2l_2^2+m_1^2m_2^2+n_1^2n_2^2\right)$	c_{13}',c_{23}'
$c_{14}'=c_c\left(l_1^2l_2l_3+m_1^2m_2m_3+n_1^2n_2n_3\right)$	$c_{36}',c_{25}',c_{24}',c_{35}',c_{26}',c_{34}',c_{16}',c_{15}',c_{45}',c_{46}',c_{56}'$
$c_{44}'=c_{44}+c_c\left(l_2^2l_3^2+m_2^2m_3^2+n_2^2n_3^2\right)$	c_{55}',c_{66}'
$s_{11}'=s_{11}+s_c\left(l_1^4+m_1^4+n_1^4-1\right)$	s_{22}',s_{33}'
$s_{13}'=s_{12}+s_c\left(l_1^2l_3^2+m_1^2m_3^2+n_1^2n_3^2\right)$	s_{12}',s_{23}'
$s_{14}'=2s_c\left(l_1^2l_2l_3+m_1^2m_2m_3+n_1^2n_2n_3\right)$	$s_{36}',s_{25}',s_{24}',s_{35}',s_{26}',s_{34}',s_{16}'$
$s_{56}'=4s_c\left(l_1^2l_2^2+m_1^2m_3^2+n_1^2n_3^2\right)$	s_{45}',s_{46}'
$s_{44}'=s_{44}+4s_c\left(l_2^2l_3^2+m_2^2m_3^2+n_2^2n_3^2\right)$	s_{55}',s_{66}'

在表 3-1 中，$c_{ij}'=c_{ji}'$，$s_{ij}'=s_{ji}'$，$c_c=c_{11}-c_{12}-2c_{44}$，$s_c=s_{11}-s_{12}-0.5s_{44}$，$l$、$m$、$n$ 为旋转坐标系和主晶轴坐标系之间的方向余弦，下标 1、2、3 分别表示坐标系内的 3 个坐标轴。

考虑单轴应力，则单晶硅的杨氏模量为[75]

$$Y_i' = \frac{\sigma_i}{\varepsilon_i} = \frac{1}{s_{ii}'} \quad (i = 1,2,3) \tag{3-3}$$

于是任意晶向单晶硅的杨氏模量可表示为

$$Y = \left[s_{11} + \left(s_{11} - s_{12} - 0.5 s_{44} \right) \left(l^4 + m^4 + n^4 - 1 \right) \right]^{-1} \tag{3-4}$$

或[76]

$$Y = \left[s_{11} - 2 \left(s_{11} - s_{12} - 0.5 s_{44} \right) \left(l^2 m^2 + l^2 n^2 + n^2 m^2 \right) \right]^{-1} \tag{3-5}$$

式中：l，m，n——晶向与主晶轴坐标系之间的方向余弦。

3.2 方向余弦矩阵、欧拉角与立体角

矢量是有方向性的物理量的数学抽象。在一个坐标系中，3 个汇交于原点的正交单位矢量 $\vec{e_1}, \vec{e_2}, \vec{e_3}$ 称为基矢量，它们组成的右手正交参考系称为一个正交基 $\vec{e}$。任何一个正交基内的基矢量都满足正交性条件：$\vec{e_i} \cdot \vec{e_j} = \begin{pmatrix} 1, i = j \\ 0, i \neq j \end{pmatrix}$。

正交基 $\vec{e}$ 内的任何一个矢量都可以表示为基矢量 $\vec{e_1}, \vec{e_2}, \vec{e_3}$ 的线性组合，即 $\vec{A} = a_1 \vec{e_1} + a_2 \vec{e_2} + a_3 \vec{e_3} = \vec{e} a$，其中 $\vec{e} = \begin{pmatrix} \vec{e_1} & \vec{e_2} & \vec{e_3} \end{pmatrix}$，$a = \begin{pmatrix} a_1 & a_2 & a_3 \end{pmatrix}^T$，称 a 为矢量 $\vec{A}$ 在正交基 $\vec{e}$ 上的坐标列阵。

为了确定矢量在不同基下的坐标的相互关系，引入方向余弦矩阵。设矢量 $\vec{A}$ 在正交基 $\vec{e}$ 与正交基 $\vec{e}'$ 上的坐标列阵分别为

$\left(a_1 \quad a_2 \quad a_3\right)^{\mathrm{T}}$ 与 $\left(a_1{}' \quad a_2{}' \quad a_3{}'\right)^{\mathrm{T}}$。则根据矢量的空间不变性，有

$$\vec{A} = a_1\vec{e_1} + a_2\vec{e_2} + a_3\vec{e_3} = \vec{e}a$$
$$= a_1'\vec{e_1}' + a_2'\vec{e_2}' + a_3'\vec{e_3}' = \vec{e}'a' \tag{3-6}$$

对式（3-6）分别点乘 $\vec{e_i}'(i=1,2,3)$，并利用正交性条件 $\vec{e_i}' \cdot \vec{e_j}' = \begin{pmatrix} 1, i=j \\ 0, i \neq j \end{pmatrix}$ 可得

$$a_i' = \vec{e_i}' \cdot \left(a_1\vec{e_1} + a_2\vec{e_2} + a_3\vec{e_3}\right) = \begin{pmatrix} \vec{e_i}' \cdot \vec{e_1} & \vec{e_i}' \cdot \vec{e_2} & \vec{e_i}' \cdot \vec{e_3} \end{pmatrix} \begin{pmatrix} a_1 \\ a_2 \\ a_3 \end{pmatrix} \tag{3-7}$$

$$\begin{pmatrix} a_1' \\ a_2' \\ a_3' \end{pmatrix} = \begin{pmatrix} \vec{e_1}' \cdot \vec{e_1} & \vec{e_1}' \cdot \vec{e_2} & \vec{e_1}' \cdot \vec{e_3} \\ \vec{e_2}' \cdot \vec{e_1} & \vec{e_2}' \cdot \vec{e_2} & \vec{e_2}' \cdot \vec{e_3} \\ \vec{e_3}' \cdot \vec{e_1} & \vec{e_3}' \cdot \vec{e_2} & \vec{e_3}' \cdot \vec{e_3} \end{pmatrix} \begin{pmatrix} a_1 \\ a_2 \\ a_3 \end{pmatrix} \tag{3-8}$$

其中，$\vec{e_i}' \cdot \vec{e_j} = \left|\vec{e_i}'\right|\left|\vec{e_j}\right|\cos\theta = \cos\theta$，$\theta$ 为 $\vec{e_i}'$ 与 $\vec{e_j}$ 之间的夹角。

因此，称 $\boldsymbol{B} = \begin{pmatrix} \vec{e_1}' \cdot \vec{e_1} & \vec{e_1}' \cdot \vec{e_2} & \vec{e_1}' \cdot \vec{e_3} \\ \vec{e_2}' \cdot \vec{e_1} & \vec{e_2}' \cdot \vec{e_2} & \vec{e_2}' \cdot \vec{e_3} \\ \vec{e_3}' \cdot \vec{e_1} & \vec{e_3}' \cdot \vec{e_2} & \vec{e_3}' \cdot \vec{e_3} \end{pmatrix}$ 为正交基 $\vec{e}'$ 相对于正交基 $\vec{e}$

的方向余弦矩阵。

为了不失一般性，先设一矢量 $\vec{A}$，在 X、Y、Z 主晶轴坐标系中的坐标列阵 $\left(a_1 \quad a_2 \quad a_3\right)^{\mathrm{T}}$，则根据方向余弦矩阵，矢量 $\vec{A}$ 在 x'、y'、z' 坐标系中的坐标列阵 $\left(a_1{}' \quad a_2{}' \quad a_3{}'\right)^{\mathrm{T}}$ 为

$$\begin{pmatrix} a_1' \\ a_2' \\ a_3' \end{pmatrix} = \begin{pmatrix} \vec{e}_1' \cdot \vec{e}_1 & \vec{e}_1' \cdot \vec{e}_2 & \vec{e}_1' \cdot \vec{e}_3 \\ \vec{e}_2' \cdot \vec{e}_1 & \vec{e}_2' \cdot \vec{e}_2 & \vec{e}_2' \cdot \vec{e}_3 \\ \vec{e}_3' \cdot \vec{e}_1 & \vec{e}_3' \cdot \vec{e}_2 & \vec{e}_3' \cdot \vec{e}_3 \end{pmatrix} \begin{pmatrix} a_1 \\ a_2 \\ a_3 \end{pmatrix}, \quad |\vec{A}| \begin{pmatrix} \cos\theta_1' \\ \cos\theta_2' \\ \cos\theta_3' \end{pmatrix} = \boldsymbol{B} |\vec{A}| \begin{pmatrix} \cos\theta_1 \\ \cos\theta_2 \\ \cos\theta_3 \end{pmatrix}$$

$$（3\text{-}9）$$

于是，

$$\begin{pmatrix} \cos\theta_1' \\ \cos\theta_2' \\ \cos\theta_3' \end{pmatrix} = \boldsymbol{B} \begin{pmatrix} \cos\theta_1 \\ \cos\theta_2 \\ \cos\theta_3 \end{pmatrix}, \quad \begin{pmatrix} \cos\theta_1 \\ \cos\theta_2 \\ \cos\theta_3 \end{pmatrix} = \boldsymbol{B}^{-1} \begin{pmatrix} \cos\theta_1' \\ \cos\theta_2' \\ \cos\theta_3' \end{pmatrix} \qquad （3\text{-}10）$$

由式（3-10）可知，方向余弦矩阵能够实现矢量在不同基的坐标系下的坐标和方向余弦转换。

在分析晶体的坐标轴旋转时，引入欧拉角来表示方向余弦矩阵是非常方便的。图 3-1 所示为坐标转换示意图。

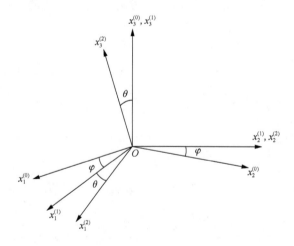

图 3-1　坐标转换示意图

在图 3-1 中，$x_1^{(0)}x_2^{(0)}x_3^{(0)}$ 为主晶轴坐标系，而 $x_1^{(2)}x_2^{(2)}x_3^{(2)}$ 为旋转坐标系。设 x 从起始位置 $x^{(0)}$ 出发，先绕 $x_3^{(0)}$ 轴转动 φ 角到达 $x^{(1)}$ 位置，即 $x_1^{(0)} \to x_1^{(1)}$，$x_2^{(0)} \to x_2^{(1)}$，$x_3^{(0)} \to x_3^{(1)} = x_3^{(0)}$。然后绕 $x_2^{(1)}$ 轴转动 θ 角到达 $x^{(2)}$ 位置，即 $x_1^{(1)} \to x_1^{(2)} = x_1^{(1)}$，$x_2^{(1)} \to x_2^{(2)}$，$x_3^{(1)} \to x_3^{(2)}$。这样就实现了主晶轴坐标系到旋转坐标系的转换。这两次转动所经过的角 φ 与 θ 称为欧拉角。

上述两次转动前后，坐标轴位置之间的方向余弦矩阵可分别表示为

$$B^{(10)} = \begin{pmatrix} \cos\varphi & \sin\varphi & 0 \\ -\sin\varphi & \cos\varphi & 0 \\ 0 & 0 & 1 \end{pmatrix} \tag{3-11}$$

$$B^{(21)} = \begin{pmatrix} \cos\theta & 0 & -\sin\theta \\ 0 & 1 & 0 \\ \sin\theta & 0 & \cos\theta \end{pmatrix} \tag{3-12}$$

其中，$B^{(10)}$ 为第一次旋转后的坐标系与原坐标系之间的方向余弦矩阵，$B^{(21)}$ 为第二次旋转后的坐标系与第一次旋转后的坐标系之间的方向余弦矩阵。两次有限转动后，主晶轴坐标系相对于旋转坐标系的方向余弦矩阵 B 应等于 $B^{(21)}$ 和 $B^{(10)}$ 的连乘，于是有

$$B = B^{(21)}B^{(10)} = \begin{pmatrix} \cos\theta\cos\varphi & \cos\theta\sin\varphi & -\sin\theta \\ -\sin\varphi & \cos\varphi & 0 \\ \sin\theta\cos\varphi & \sin\theta\sin\varphi & \cos\theta \end{pmatrix} \tag{3-13}$$

式（3-13）就是用欧拉角表示的主晶轴坐标系和旋转坐标系之间的方向余弦矩阵。于是主晶轴坐标系和旋转坐标系之间的方向余弦如表 3-2 所示。

表 3-2 主晶轴坐标系与旋转坐标系之间的方向余弦

	$x_1^{(0)}$	$x_2^{(0)}$	$x_3^{(0)}$
$x_1^{(2)}$	$l_1 = \cos\theta\cos\varphi$	$m_1 = \cos\theta\sin\varphi$	$n_1 = -\sin\theta$
$x_2^{(2)}$	$l_2 = -\sin\varphi$	$m_2 = \cos\varphi$	$n_2 = 0$
$x_3^{(2)}$	$l_3 = \sin\theta\cos\varphi$	$m_3 = \sin\theta\sin\varphi$	$n_3 = \cos\theta$

本书利用欧拉角来表示晶粒晶向的方向余弦，进而表示其杨氏模量，这对于求薄膜杨氏模量的积分计算是非常方便的。

在平面上，用弧度表示平面角度的大小（弧长除以半径）。若将此定义推广到三维空间中，可得到立体角的定义：球面面积与半径平方的比值，即 $\Omega = \dfrac{A}{R^2}$，单位为 Sr（球面度）。立体角的几何意义是面积为 A 的球面边缘各点对球心连线所包围的空间。因此，整个球面所对应的立体角为 4π，半球面对应的立体角为 2π。在球坐标系里，立体角的微分单元为 $d\Omega = \sin\theta d\theta d\varphi$。之所以引入立体角，是因为可以用半积分球的法线方向代表多晶硅纳米薄膜晶粒的随机晶向，而且半积分球的法线方向是对称的，恰好与多晶硅纳米薄膜晶粒晶向在薄膜平面内是对称的这一特点相对应。这将在下一节关于多晶硅纳米薄膜的晶粒模型分析中得以体现。

3.3　多晶硅纳米薄膜的晶粒模型

用来计算各向同性多晶材料杨氏模量的模型通常有两个：Voigt 模型和 Reuss 模型[78-80]，如图 3-2 所示。由图 3-2（a）可知，Voigt 模型认为在薄膜内多晶晶粒是柱状排列，晶粒的高度与薄膜厚度相等。因为图 3-2（a）中的虚线彼此平行，所以各晶粒的晶向平行，晶粒的生长方向垂直于薄膜平面，这样就存在优选晶向。Voigt 模型是等应变模型，假设薄膜内每个晶粒受到的应变都相同，利用 Voigt 模型可得到多晶材料杨氏模量的上限。由图 3-2（b）可知，Reuss 模型认为在薄膜内多晶晶粒是层状排列，Reuss 模型是等应力模型，假设薄膜内每个晶粒受到的应力都相同，但应变不一定相同，利用 Reuss 模型可得到多晶材料杨氏模量的下限[78,79]。实验测得的杨氏模量应该在上限和下限之间。利用 Voigt 模型和 Reuss 模型得到多晶硅杨氏模量的上限和下限分别为 172GPa 和 164GPa[80-83]，该上下限范围较小，而且与普通多晶硅杨氏模量的报道结果范围相差较大，普通多晶硅杨氏模量的测试结果从 130GPa 到 170GPa 不等[84-88]。而且由于多晶硅纳米薄膜非常薄，一般不存在优选晶向，同时晶粒也不可能是层状分布，因此 Voigt 模型和 Reuss 模型都不适用于多晶硅纳米薄膜。

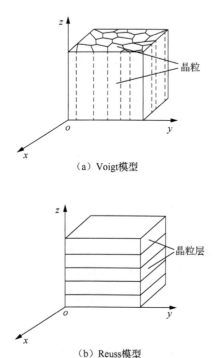

（a）Voigt模型

（b）Reuss模型

图3-2　多晶材料的 Voigt 模型和 Reuss 模型

　　利用分子动力学模拟来研究薄膜的力学行为是近年来的一个研究热点[89-91]。分子动力学模拟是利用材料中的原子位置、各种势能函数和原子速度计算出体系的总能量，然后计算各个原子在该原子相互作用力场中的势能梯度，每个原子在分子力场中的力计算出来后，根据牛顿定律，就可以计算出原子在模拟过程中各步的位移和速度，进而对其力学特性进行分析。利用分子动力学模拟方法主要存在以下问题：原子间的作用势必须首先确定；模拟的材料体系原子个数通常小于 10^4；模拟值和实验测试值之间差别较大[92-94]；只能对单晶材料进行模拟，而无法对多晶材料进行模拟。因此，分子动力学模拟方法不适合研究多晶硅纳米薄膜的力学特性。

在多晶硅杨氏模量的计算方法方面，还有文献曾经报道，具有优选晶向的多晶硅的杨氏模量可以通过对所有优选晶向的杨氏模量进行加权平均的方法来求得[76]。对于具有优选晶向的普通多晶硅薄膜，因为一般只存在几个有限的优选晶向，所以可用该方法计算杨氏模量，但由于只对优选晶向的杨氏模量进行求平均，忽略了不在优选晶向上的晶粒对杨氏模量的贡献，从而导致计算结果和测试结果会有偏差，而且当优选晶向的峰值（XRD 图谱的密度峰值）不高时，即具有优选晶向的晶粒在薄膜内占据的比例不大时，理论计算和实验测试之间的偏差会更大，因此该方法具有局限性，仅适用于具有强优选晶向的普通多晶硅薄膜。对于多晶硅纳米薄膜，由于一般不存在优选晶向，因此不能通过简单地对所有优选晶向的杨氏模量进行加权平均来得到整个薄膜的杨氏模量。

综上所述，已有的关于多晶材料的模型和杨氏模量的计算方法并不适用于多晶硅纳米薄膜。

下面建立一种适用于多晶硅纳米薄膜的晶粒模型，用来研究多晶硅纳米薄膜的杨氏模量。在结构上，多晶硅薄膜是由不同晶向的许多小晶粒组成的，每个微小的晶粒可以看成是一个小的单晶硅晶元。在这些单晶硅晶元周围的微小空隙中填充着无定形态硅，其中存在着大量的缺陷态和悬挂键，称之为晶粒间界（简称晶界）。通常，晶界的宽度在几个原子的尺度范围内，一般为 7~8Å（$1\text{Å}=10^{-10}\text{m}$），小于 1nm。

由于在多晶硅薄膜和衬底之间存在绝缘层，因此多晶硅薄膜的生长和衬底无关，优选晶向也和衬底的晶向无关，但多晶硅薄膜的优选晶向与工艺条件（包括淀积温度和薄膜厚度）有关。有研究表明，一般情况下，只有对于厚度较大的普通多晶硅薄膜才具有优选晶向[95,96,110]，且根据第 2 章的研究结果可知，对于本书所制备的多晶硅纳米薄膜，并不存在优选晶向。

多晶材料的宏观弹性常数与晶粒的弹性常数及晶粒构成多晶的方式紧密相关[97,98]。由于多晶硅纳米薄膜不存在优选晶向，而且在薄膜平面内又是各向同性的（除非使用激光或电子束方式退火）[36]，因此可以建立多晶硅纳米薄膜的晶粒模型。该模型具有以下特点。

（1）多晶硅纳米薄膜晶粒的生长是随机的，晶粒的晶向分布也是随机的，即多晶硅纳米薄膜不存在优选晶向。

（2）在多晶硅纳米薄膜平面内，晶粒的晶向分布是对称的[99]，每个晶粒都能找到和自己对称的另外一个晶粒，这样在薄膜平面内能够保证各向同性。

（3）在多晶硅纳米薄膜平面内，晶粒是单层排列的，晶粒的纵向高度等于薄膜的厚度，即所谓的"柱状"近似[12,100]，由于多晶硅纳米薄膜非常薄，因此"柱状"近似是合理的。

多晶硅纳米薄膜的晶粒模型如图 3-3 所示。在图 3-3（a）中，晶粒彼此不平行，这可从图中的虚线看出。所建立的晶粒模型，与 Voigt 模型的区别是，晶粒生长是随机的，不垂直于薄膜平面，晶粒晶向也是随机分布的，晶粒之间不平行，自然不具备优选晶向；与 Reuss 模型的区别是，薄膜内晶粒是单层排列的，不是层状排列。因此所建立的晶粒模型是等应变模型，即所有晶粒所受到的应变都是相等的。图 3-3（b）中的晶粒 A 和晶粒 B 是在图 3-3（a）中任意取的两个对称晶粒。图 3-3（a）主要说明晶粒模型的特点 1 和 3，即晶粒晶向是随机分布的，薄膜内晶粒单层"柱状"分布；而图 3-3（b）主要说明晶粒模型的特点 2，即在薄膜平面内，晶粒的晶向对称分布，可保证多晶硅纳米薄膜的各向同性。

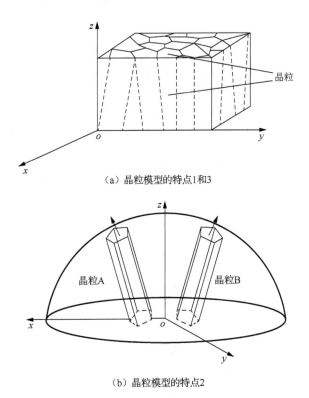

（a）晶粒模型的特点1和3

（b）晶粒模型的特点2

图 3-3　多晶硅纳米薄膜的晶粒模型

3.4　多晶硅纳米薄膜的杨氏模量

在 3.3 节我们已经建立了一种多晶硅纳米薄膜的晶粒模型，现在利用该模型计算多晶硅纳米薄膜的杨氏模量。

多晶硅纳米薄膜非常薄，其厚度在纳米量级，所以可以假设在薄膜平面内晶粒是单层排列的，此即晶粒模型的特点 3。由于晶界非常薄，厚度通常小于 1nm，而晶粒度通常在 32nm 左右（膜厚 60～89nm），因此可忽略晶界对薄膜弹性系数的影响，即认为晶粒和晶粒之间是刚性连接的。同时由于用于传感器的薄膜电阻尺寸很小（长、宽均为 60μm），因此在薄膜内等应变分布，即每个晶粒所受到的应变均相同。由于每个晶粒的晶向不同，导致每个晶粒的杨氏模量不相同，因此每个晶粒受到的应力不会相同。假设薄膜内某个晶粒受到的应变为 $\varepsilon^i = \varepsilon$（$i = 1, \cdots, N$），其中 N 为薄膜内晶粒总数。于是薄膜受到的平均应变为

$$\bar{\varepsilon} = \frac{1}{N} \sum_{i=1}^{N} \varepsilon^i = \varepsilon \tag{3-14}$$

设薄膜内某个晶粒的杨氏模量为 Y^i，则该晶粒受到的应力为

$$\sigma^i = Y^i \varepsilon \tag{3-15}$$

于是薄膜受到的平均应力为

$$\bar{\sigma} = \frac{1}{N} \sum_{i=1}^{N} \sigma^i = \varepsilon \frac{1}{N} \sum_{i=1}^{N} Y^i \tag{3-16}$$

如果定义薄膜的杨氏模量为平均应力与平均应变的比值，则有

$$\overline{Y} = \frac{\overline{\sigma}}{\overline{\varepsilon}} = \frac{1}{N}\sum_{i=1}^{N} Y^i \tag{3-17}$$

通过式（3-17）可知，多晶硅纳米薄膜的杨氏模量为薄膜内所有晶粒杨氏模量的平均值。但多晶硅纳米薄膜没有优选晶向，每个晶粒的晶向都不相同，导致每个晶粒的杨氏模量均不相同；此外薄膜内晶粒数量众多，以 89nm 厚的多晶硅纳米薄膜为例，根据图 2-4 和图 2-5 可知其晶粒度约为 32nm，如果薄膜电阻尺寸为 60μm×60μm，则在薄膜内大约有三百多万个晶粒，对于数量如此众多的晶粒（即 N 非常大），且每个晶粒的杨氏模量又都不相同，式（3-17）该如何计算？本书首先用欧拉角来表示每个晶粒的杨氏模量，然后利用立体角来对应薄膜内晶粒的随机晶向，最后将式（3-17）中的求和计算化为积分计算，这样就能比较容易地对式（3-17）进行计算，从而求得多晶硅纳米薄膜的杨氏模量。

假设薄膜内某一晶粒所在的坐标系是旋转坐标系，并设该晶粒的晶向与旋转坐标系中的 $x_3^{(0)}$ 轴相对应。则将表 3-2 中的 l_3、m_3 和 n_3 代入式（3-4）或式（3-5）中，可得该晶粒的杨氏模量 $Y^i = Y^i(\theta,\varphi)$ 为

$$Y^i(\theta,\varphi) = \left[s_{11} + (s_{11} - s_{12} - 0.5s_{44})(\sin^4\theta\cos^4\varphi + \sin^4\theta\sin^4\varphi + \cos^4\theta - 1) \right]^{-1} \tag{3-18}$$

或

$$Y^i(\theta,\varphi) = \left[s_{11} - 2(s_{11} - s_{12} - 0.5s_{44})(\sin^4\theta\cos^2\varphi\sin^2\varphi + \sin^2\theta\cos^2\theta) \right]^{-1} \tag{3-19}$$

多晶硅纳米薄膜不存在优选晶向，薄膜内晶粒的生长是随机的，晶粒的晶向也是随机的，即晶粒模型的特点 1。为了表示随机晶向，

引入半径为 1 的积分球，如图 3-4 所示。

在图 3-4 中，最大的球面是积分球，XYZ 为固结不动的主晶轴坐标系，xyz 为某一晶粒所在的旋转坐标系，x 和 y 沿积分球球面的切线方向，z 沿积分球球面的法线方向。若设晶粒的晶向沿 z 轴，那么积分球的球面法线便代表了所有可能的晶粒晶向。整个积分球的球面法线所对应的立体角为 4π。本书采用 LPCVD 技术淀积生长多晶硅纳米薄膜，晶粒不可能向薄膜下方绝缘层内生长，所有晶粒都是向着薄膜的上方生长。若设 XY 平面为薄膜平面，则晶粒只能向上半球方向生长，因此在计算中只选用上半个积分球，所对应的立体角为 2π，这在式（3-20）中体现；而且上半个积分球的法线方向是对称的，恰好满足晶粒模型的特点 2，即晶粒在薄膜平面内是对称分布的。

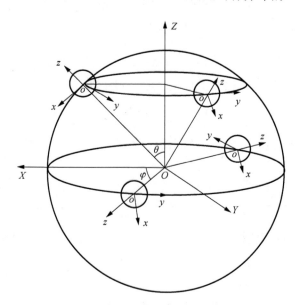

图 3-4　主晶轴坐标系与积分球

晶粒所在的旋转坐标系是由主晶轴坐标系经过两次旋转而来的，旋转角度分别为 θ 和 φ，设该晶粒晶向在薄膜晶粒内所占据的比例为 $D(\theta,\varphi)$，则有

$$\overline{Y} = \frac{1}{N}\sum_{i=1}^{N}Y^i = \frac{\int_0^{2\pi}Y(\theta,\varphi)D(\theta,\varphi)\mathrm{d}\Omega}{\int_0^{2\pi}D(\theta,\varphi)\mathrm{d}\Omega} \qquad （3\text{-}20）$$

式中：Ω —— 立体角。

式（3-20）的积分范围 $0\sim2\pi$ 对应半个积分球，因为 N 非常大，所以式（3-20）中的求和计算可以转化为积分计算。

由于多晶硅纳米薄膜无优选晶向，并且在薄膜平面内是各向同性的，因此薄膜内晶粒晶向分布是随机的，所以 $D(\theta,\varphi)=1$。于是式（3-20）变为

$$\overline{Y} = \frac{\int_0^{\frac{\pi}{2}}\sin\theta\mathrm{d}\theta\int_0^{2\pi}Y(\theta,\varphi)\mathrm{d}\varphi}{2\pi} \qquad （3\text{-}21）$$

由式（3-20）向式（3-21）变换中，利用了球坐标系里立体角的微分单元，$\mathrm{d}\Omega = \sin\theta\mathrm{d}\theta\mathrm{d}\varphi$，$\theta:0\to\dfrac{\pi}{2}$ 和 $\varphi:0\to2\pi$ 对应上半个球面。

将单晶硅的屈服系数参数及式（3-18）或式（3-19）代入式（3-21），可求得多晶硅纳米薄膜杨氏模量的理论计算值为 160.9GPa。

目前测量薄膜杨氏模量的方法大致有以下几种：动态法[71,103]、静态应变法[104,105]、四点弯曲法[106,107]和压入法[108-112]。动态法是利用材料的共振频率来确定杨氏模量，包括利用超声波在材料中的传播时差来测量杨氏模量。该方法简单，但必须在换能器和被测物体接触面上涂耦合剂，以保证良好接触，否则无法得到精确测量结果；还包括采

用静电或声波等使待测的悬臂梁样品发生谐振，然后根据相关理论计算杨氏模量。动态法虽然实验结构简单，但测量范围有限，而且由于无法确定阻尼的影响而导致实验误差较大。静态应变法是利用胡克定律来确定杨氏模量，包括拉伸法和鼓胀法（或气球法）。拉伸法需要将样品做成悬臂梁或简支梁，不但需要精确测量应力和应变值，而且样品制作和实验装置的建立也比较困难，同时样品的加持和对中也会影响实验结果；鼓胀法是使薄膜膨胀，通过测量膨胀曲率确定杨氏模量，测试中样品易出现的褶皱对测量结果的影响较大。四点弯曲法是将被测样品制成长梁，在梁一侧的靠近外端的两点设支撑，在梁的另一侧靠近中部的两点加载荷，通过测得载荷与挠度的关系曲线，利用相关弹性理论就可得到杨氏模量。该方法加载机理简单，易于操作，主要缺点是梁的大变形和边界应力集中导致实验数据解释困难。

压入法是以一金刚石压头压入薄膜样品中，通过载荷—压入位移曲线来求得杨氏模量。典型的压入法是纳米压入法（即纳米压痕法），通过纳米硬度计或原子力显微镜来实施加载，其载荷和压痕深度的分辨率都非常高，通常在 $10\mu N$ 和 $1nm$ 左右。压头在压入部位会引起被测材料的局部致密性或微悬臂梁沿宽度方向的弯曲，这些对测试结果会有影响，但并不严重，而且可通过修正进行补偿。纳米压入法的发明为薄膜材料的力学性能研究提供了有效的研究工具，目前已经成为材料学领域的标准研究方法之一。

在以上测试方法中，动态法的实验误差较大，而静态应变法和四点弯曲法都需要将被测样品制成悬臂梁或简支梁，因此都不适合用来测量多晶硅纳米薄膜的杨氏模量。纳米压入法可用来测量普通多晶硅薄膜的杨氏模量，近些年已有相关报道[108,110-112]，这些实验主要是针对厚度较大的普通多晶硅薄膜，此时压头在薄膜上产生的纳米级压痕对薄膜机械特性影响不大。对于我们制备的多晶硅纳米薄膜，厚度在80～90nm，远大于纳米压入法中压痕深度的分辨率（1nm），因此纳米压入法也同样适用于多晶硅纳米薄膜杨氏模量的测量。

近年来，采用纳米压入法测定薄膜材料的杨氏模量越来越受到重视。纳米压入法是由传统硬度测量方法发展而来，其施加的载荷可以小到数十个微牛顿，压痕的尺度可以达到纳米尺度，它通过连续控制和记录加卸载时的载荷和位移数据，可以得到材料的杨氏模量、压痕硬度、断裂韧性等力学性能指标。实验可以在较小的样品上进行，压痕只是在材料的浅表层产生，几乎不在样品上产生任何损害。纳米压入法在薄膜材料、晶体材料、多相复合材料等力学性能评价与测试中获得了广泛应用，已经成为测量材料硬度和弹性模量等力学参量的理想手段[113-116]。

TriboIndenter 原位纳米力学测试系统是美国 Hysitron 公司所推出的高精度力学性能测试仪器。通过其 Z 轴及 X 轴的精密传感器，该测试系统可以实现微牛级至纳牛级的载荷及纳米级的位移，其载荷和位移的分辨率最高可达 3nN 和 0.2nm，从而对样品表面微区进行微压痕、微划痕及微磨损测试，并可进行原位的原子力成像压痕或划痕后的表面形貌。另外，该测试系统还可以对材料进行纳米动态力学性能分析，并可以进行原位刚度成像。TriboIndenter 原位纳米力学测试系统被广泛应用于测量材料在微观接触状况下的杨氏模量、硬度、摩擦系数、磨损率及动态测试分析材料的刚度/阻尼、存储模量、损失模量等力学参数[117,118]。我们采用该测试系统对多晶硅纳米薄膜的杨氏模量进行测试，其实验照片如图 3-5 所示。

图 3-5 彩图

图 3-5　TriboIndenter 原位纳米力学测试系统

　　TriboIndenter 原位纳米力学测试系统可自动实现载荷控制模式下的连续加载和卸载，所施加的载荷量级可至纳牛顿，得到的压痕深度可达纳米量级，通过分析实验得到的加载—卸载曲线即可计算出材料的杨氏模量。利用该测试系统得到的典型的加载—卸载曲线如图 3-6 所示。在图 3-6 中，F_{max} 为最大载荷，h_{max} 为最大压痕深度，h_c 为接触深度，h_f 为完全卸载后的压痕深度。

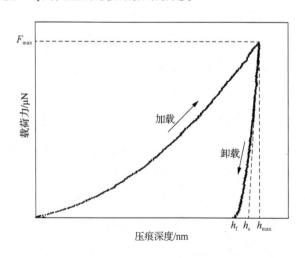

图 3-6　加载—卸载曲线

　　为了从加载—卸载曲线中计算出杨氏模量，首先将卸载曲线中载荷与位移的关系拟合为一指数关系。

$$F = \alpha \left(h_{\max} - h_{\mathrm{f}} \right)^{m} \tag{3-22}$$

式中：α，m ——拟合参数。

　　对式（3-22）进行微分，可得到弹性接触刚度 S 为

$$S = \alpha m \left(h_{\max} - h_{\mathrm{f}} \right)^{m-1} \tag{3-23}$$

　　求得接触刚度后，可根据式（3-23）计算材料的折合（简约）杨氏模量 E_{r}。

$$E_{\mathrm{r}} = \frac{\sqrt{\pi}}{2\beta} \cdot \frac{S}{\sqrt{A}} \tag{3-24}$$

　　TriboIndenter 采用玻氏金刚石压针（Berkovich tip），β 为 1.034，A 为压痕面积，玻氏金刚石压针的压痕面积拟合公式为

$$\begin{aligned} A = {} & 24.5 h_{\mathrm{c}}^{2} + 793 h_{\mathrm{c}} + 4238 h_{\mathrm{c}}^{1/2} + 332 h_{\mathrm{c}}^{1/4} + 0.059 h_{\mathrm{c}}^{1/8} + \\ & 0.069 h_{\mathrm{c}}^{1/16} + 8.68 h_{\mathrm{c}}^{1/32} + 35.4 h_{\mathrm{c}}^{1/64} + 36.9 h_{\mathrm{c}}^{1/128} \end{aligned} \tag{3-25}$$

接触深度 h_{c} 的计算公式为

$$h_{\mathrm{c}} = h_{\max} - \varepsilon \frac{F_{\max}}{S} \tag{3-26}$$

式中：ε ——依赖于针尖几何形状的常数，对于玻氏金刚石压针，$\varepsilon = 0.75$。

　　材料的折合杨氏模量 E_{r}、材料的杨氏模量 E 和金刚石压针的杨氏模量 E_{i} 之间的关系为

$$\frac{1}{E_{\mathrm{r}}} = \frac{1-v^2}{E} + \frac{1-v_{\mathrm{i}}^2}{E_{\mathrm{i}}}$$ （3-27）

式中：E_{i}——金刚石压针的杨氏模量，1141GPa；

v_{i}——金刚石的泊松比，0.07；

v——材料的泊松比。

通过式（3-22）～式（3-27）即可计算出材料的杨氏模量，同时材料的泊松比也相应得到。

采用 TriboIndenter 对 89nm 厚的多晶硅纳米薄膜进行数次测试，得到的实验结果基本在 150～160Gpa 之间，其中比较典型的多晶硅纳米薄膜的加载—卸载曲线如图 3-7 所示，该图是 TriboIndenter 测试仪器的输出图片。

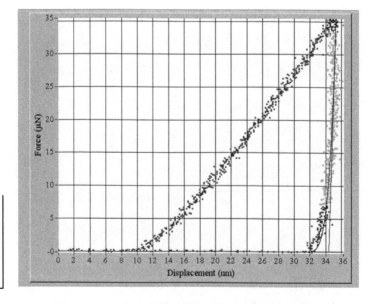

图 3-7 彩图

图 3-7　89nm 厚的多晶硅纳米薄膜的加载—卸载曲线

利用式（3-22）～式（3-27）可得到多晶硅纳米薄膜杨氏模量的测试结果为 157.86GPa，同时也可得到多晶硅纳米薄膜泊松比的测试结果为 0.22，泊松比的测试结果与普通多晶硅薄膜是一致的[82,121]。

为了比较分析，在图 3-7 所进行的测试流程中，还采用同一测试方法对在同一基底上厚度为 100nm 的二氧化硅薄膜的杨氏模量进行了测试，其加载—卸载曲线如图 3-8 所示。

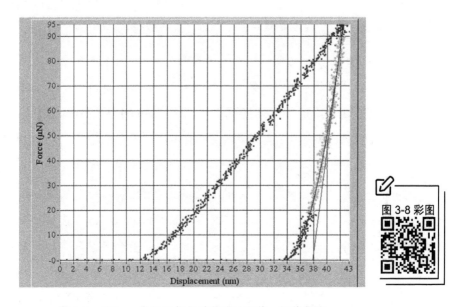

图 3-8 彩图

图 3-8　100nm 厚的二氧化硅薄膜的加载—卸载曲线

同样利用式（3-22）～式（3-27），可得到二氧化硅薄膜杨氏模量的测试结果为 73.56GPa。该测试结果与已知的二氧化硅的杨氏模量 73GPa[119]非常接近，仅差 0.76%，这间接地表明我们对于多晶硅纳米薄膜杨氏模量的测试方法是正确的，实验结果是可信的。

多晶硅纳米薄膜杨氏模量的理论计算结果为 160.9GPa，实验测试结果为 157.86GPa，二者比较吻合，这表明本书提出的多晶硅纳米薄膜的晶粒模型是合理的，用于计算多晶硅纳米薄膜杨氏模量的方法是正确的。由于晶界存在着大量的缺陷态和悬挂键，因此晶界的存在会降低薄膜的刚性，导致薄膜的杨氏模量降低。在理论计算过程中忽略了晶界对弹性系数的影响，导致理论计算结果比实验测试结果稍大。对于多晶硅薄膜，其杨氏模量通常会随着膜厚的减小而降低[120,121]，这是因为随着膜厚的减小，薄膜的结晶度变差，晶界的缺陷态和悬挂键就相对增多，导致晶界的刚性降低；同时晶粒度随着膜厚的减小而降低，晶界对弹性系数的影响也会越来越显著，于是薄膜的杨氏模量会降低。对于薄膜厚度为 2～10μm 的普通多晶硅薄膜，比较典型的杨氏模量测试结果为 163～174GPa[95,110,122,123]，而 89nm 厚的多晶硅纳米薄膜杨氏模量的测试结果为 157.86GPa，这与多晶硅薄膜的杨氏模量会随着膜厚的减小而降低也是吻合的。

有研究表明[124]，当多晶硅薄膜的膜厚降到 10nm 左右时，随着膜厚的减小，其杨氏模量可能继续降低也可能会突然变大，这取决于薄膜表面（界面）是否发生重构现象；而当膜厚在 50nm 以上时，表面重构对薄膜的性能基本没有影响。对于本书所研究的多晶硅纳米薄膜，其膜厚在 80～90nm，因此不用考虑表面重构对薄膜杨氏模量的影响。

当多晶硅薄膜的厚度较大时，薄膜内晶粒的分布可能不满足柱状排列，而是层状排列，甚至有可能是二者的混合排列，此时本书的晶粒模型不再适用。同时，薄膜内各个晶粒受到的应变也不可能相等，而本书所提出的杨氏模量计算方法是以等应变为基础的，因此本书提出的模型和计算方法只适用于多晶类型的纳米薄膜,包括多晶硅和其他材料的纳米薄膜,这对于研究纳机电系统的压阻特性和机械特性具有指导意义。

在隧道压阻理论里,多晶硅纳米薄膜的杨氏模量是采用单晶硅的杨氏模量与一修正系数相乘而来,修正系数的取值为 0.85,但并没有对该取值进行合理的解释。由于单晶硅<111>晶向的杨氏模量为 187GPa[26],因此在隧道压阻理论里,多晶硅纳米薄膜的杨氏模量应该为 158.95GPa,而多晶硅纳米薄膜杨氏模量的测试结果为 157.86GPa,二者非常接近,这说明在隧道压阻理论里修正系数取 0.85 是合理的(尽管隧道压阻理论对修正系数 0.85 没给出合理的解释)。本章对多晶硅纳米薄膜杨氏模量的研究证实了隧道压阻理论中修正系数取值的合理性,完善了隧道压阻理论,同时为后续多晶硅纳米薄膜压力传感器的结构设计提供了仿真参数。

3.5　本章小结

本章主要研究了多晶硅纳米薄膜的杨氏模量。首先介绍了单晶硅的杨氏模量、方向余弦、欧拉角和立体角,然后根据多晶硅纳米薄膜的生长、结构特点,建立了一种适合于多晶硅纳米薄膜的晶粒模型。该模型认为在多晶硅纳米薄膜内晶粒的晶向是随机分布的,在薄膜平面内晶粒是对称分布、单层排列的,晶粒的纵向高度等于薄膜的厚度。以该模型为基础,提出了用于计算多晶材料纳米薄膜杨氏模量的方法，并计算了多晶硅纳米薄膜的杨氏模量。利用原位纳米力学测试系统对多晶硅纳米薄膜的杨氏模量进行了测试。理论计算结果与测试结果一致，表明提出的多晶硅纳米薄膜的晶粒模型是合理的，用于计算其杨氏模量的方法是正确的。

多晶硅纳米薄膜晶粒模型的建立与验证完善了隧道压阻理论，同时为多晶硅纳米薄膜压力传感器的结构优化设计提供了依据。

第 4 章

多晶硅纳米薄膜的压力传感器应用研究

前期实验工作已经表明，在优化工艺条件下制备的多晶硅纳米薄膜具有比普通多晶硅薄膜更好的压阻特性，因此若利用多晶硅纳米薄膜作为压力传感器压敏电阻的制作材料，研制的多晶硅纳米薄膜压力传感器应该会具备良好的工作性能。本章首先介绍半导体的压阻效应和多晶硅压力传感器的工作原理，然后对多晶硅纳米薄膜压力传感器进行有限元仿真，根据仿真结果进行传感器结构的优化设计，最后详细描述该款压力传感器的制作工艺流程，并完成传感器的研制。

4.1　半导体的压阻效应

固体材料受到力的作用后，其电阻值就要发生变化，这种现象称为压阻效应。根据欧姆定律，对于导体或半导体材料，其电阻 R 可表示为

$$R = \frac{\rho L}{A} \tag{4-1}$$

式中：ρ ——材料的电阻率；

　　　L ——长度；

　　　A ——横截面积。

对式（4-1）微分后可得

$$\begin{aligned} \frac{\mathrm{d}R}{R} &= \frac{\mathrm{d}\rho}{\rho} + \frac{\mathrm{d}L}{L} - \frac{\mathrm{d}A}{A} \\ &= \frac{\mathrm{d}\rho}{\rho} + (1+2v)\varepsilon \end{aligned} \tag{4-2}$$

式中：v ——材料的泊松比；

      ε ——应变。

应力也会引起材料电阻率的变化。以 σ 表示应力，则电阻率的相对变化与应力成正比。

$$\frac{\mathrm{d}\rho}{\rho} = \pi\sigma \qquad\qquad (4\text{-}3)$$

式中：π ——材料的压阻系数。

同时根据胡克定律，应力 σ、应变 ε 和杨氏模量 Y 之间的关系为

$$\sigma = Y\varepsilon \qquad\qquad (4\text{-}4)$$

将式（4-3）和式（4-4）代入式（4-2）可得

$$\frac{\mathrm{d}R}{R} = \frac{\mathrm{d}\rho}{\rho} + (1+2v)\varepsilon = (1+2v+\pi Y)\varepsilon = \mathrm{GF}\varepsilon \qquad (4\text{-}5)$$

式中：GF ——应变系数，物理意义为材料发生单位应变时的电阻变化率，$\mathrm{GF} = 1 + 2v + \pi Y$。

式（4-5）表明材料电阻的相对变化和应变之间的比例关系。由 GF 的表达式可知，应变系数由两个因素决定：一个是 $1+2v$，它由材料几何尺寸的变化引起；另一个是 πY，由材料受力后电阻率的变化引起。一般金属材料的压阻效应主要基于电阻体的几何形变，其 π 值可以认为是零，金属的泊松比一般为 0.25～0.5，因此金属的 GF 一般为 1.5～2。而对于硅、锗等多能谷半导体材料，应变引起的电阻率变化远远大于其引起的几何形变，它具有很大的压阻系数 π，所以可以忽略几何形变项 $1+2v$。于是有

$$\frac{\mathrm{d}R}{R} = \frac{\mathrm{d}\rho}{\rho} = \pi\sigma = \mathrm{GF}\varepsilon \qquad (4\text{-}6)$$

对于多晶硅薄膜电阻，在沿薄膜平面任意方向的应力或应变作用下，电阻的相对变化可表示为

$$\begin{aligned}\frac{\Delta R}{R} &= \pi_{\mathrm{v}}\sigma_{\mathrm{v}} + \pi_{\mathrm{t}}\sigma_{\mathrm{t}} \\ &= \mathrm{GF}_{\mathrm{v}}\varepsilon_{\mathrm{v}} + \mathrm{GF}_{\mathrm{t}}\varepsilon_{\mathrm{t}}\end{aligned} \qquad (4\text{-}7)$$

式（4-7）中，下标 v 和 t 分别表示纵向（应力方向与电流方向平行）和横向（应力方向与电流方向垂直）。

由多晶硅应变系数的测试结果已知，其纵向应变系数为正，而横向应变系数为负，且纵向应变系数大约为横向应变系数的两倍（图 2-18）。所以由式（4-7）可知，横向效应会抵消纵向效应，从而降低传感器的灵敏度，因此在传感器结构的设计方面要注意，应使压力敏感膜片上的横向应变远小于纵向应变，这样就可极大地抑制横向效应的影响，这一点体现在 4.3 节中。

4.2　多晶硅压力传感器的工作原理

多晶硅压力传感器是利用单晶硅硅杯压力敏感膜片结构的弹性形变和多晶硅薄膜的压阻效应工作的。通常在压力敏感膜片上淀积绝缘层（SiO_2 或 Si_3N_4），然后在绝缘层上淀积制备 4 个多晶硅压敏电阻，构成惠斯通电桥。多晶硅压力传感器示意图如图 4-1 所示，惠斯通电

桥电路如图 4-2 所示。

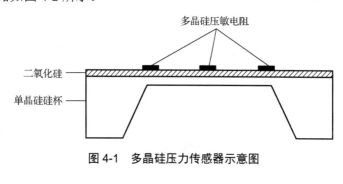

图 4-1　多晶硅压力传感器示意图

图 4-2　惠斯通电桥电路

在图 4-2 中，R_1、R_2、R_3、R_4 为 4 个压敏电阻，一般将 R_1、R_3 设计在敏感膜片的正应力区，R_2、R_4 设计在敏感膜片的负应力区。当压力作用在膜片上时，压敏电阻的变化与压力成正比，惠斯通电桥失去平衡，产生一个与压力成正比的电信号输出，从而实现对压力的测量。惠斯通电桥可采用恒压源或恒流源两种方式供电。当电桥采用恒流源供电时，输出电压与压敏电阻增量及恒流源电流成正比，恒流源对传感器精度有影响，但电桥的输出与温度无关。当电桥采用恒压源供电时，输出电压与压敏电阻的相对变化及恒压源电压成正比，恒压源精度对传感器精度也有影响，且由于桥臂电阻对温度敏感，因此采用恒压源供电时不能消除温度的影响。然而采用全桥电路结构，在恒压源供电时有减小零点温度漂移的优点，且恒压源供电的另一个优点是多个传感器可共用一个电源，降低了成本，简化了电路，因此本书采用恒压源电桥电路。

下面以恒压源为例来说明多晶硅压力传感器的基本工作原理。在图 4-2 中，惠斯通电桥的输出电压为

$$U_O = \frac{(R_1 R_3 - R_2 R_4)}{(R_1 + R_2)(R_3 + R_4)} U_B \tag{4-8}$$

式中：U_B——电源电压；

U_O——输出电压。

由式（4-8）可以看出，只要 4 个桥臂电阻 $R_1 = R_2 = R_3 = R_4$，在初始零压强状态下，电阻值满足关系式 $R_1 R_3 = R_2 R_4$，输出电压 U_O 就等于零，保持电桥在零压力状态下处于平衡。当硅膜片两侧存在压力差时，硅膜片发生形变，使得硅膜片上 4 个电阻的阻值发生变化，其中 R_1、R_3 的值增加，R_2、R_4 的值减小。此时在压力的作用下，电桥失去平衡，产生电压输出。

$$U_O = \frac{(R_1 + \Delta R_1)(R_3 + \Delta R_3) - (R_2 - \Delta R_2)(R_4 - \Delta R_4)}{(R_1 + R_2 + \Delta R_1 - \Delta R_2)(R_3 + R_4 + \Delta R_3 - \Delta R_4)} U_B \tag{4-9}$$

一般，$R_1 = R_3 = R_2 = R_4 = R$，所以 $\Delta R_i = R \cdot GF \cdot \varepsilon_i (i = 1, 2, 3, 4)$。$\varepsilon_i$ 为施加在第 i 个电阻上的应变。于是有

$$U_O = \frac{1}{4} GF \cdot \frac{\varepsilon_1 + \varepsilon_3 - \varepsilon_2 - \varepsilon_4}{1 + \frac{1}{2}(\varepsilon_1 + \varepsilon_2 + \varepsilon_3 + \varepsilon_4)} U_B \tag{4-10}$$

若在传感器的设计中使得施加在 R_1 和 R_3 上的应变为正，而 R_2 和 R_4 上的应变为负，且正负应变数值相等，即 $\varepsilon_1 = \varepsilon_3 = -\varepsilon_2 = -\varepsilon_4 = \varepsilon$，那么就有

$$U_\mathrm{O} = \mathrm{GF} \cdot \varepsilon \cdot U_\mathrm{B} \qquad (4\text{-}11)$$

即恒压源供电的惠斯通电桥输出电压与施加在压敏电阻上的应变成线性关系，而压敏电阻上的应变与外界压力成正比，于是通过测量惠斯通电桥的输出电压就可实现对外界压力的测量。通过式（4-11）可知，惠斯通电桥输出电压与薄膜的应变系数和薄膜受到的应变有关，在第 2 章中，我们已经对多晶硅纳米薄膜的工艺条件进行了优化，可保证薄膜具有较高的应变系数。在 4.3.2 节将进行多晶硅纳米薄膜压力传感器的结构优化设计，目的是保证在合理的范围内尽量增大薄膜的应变，从而增加电桥的输出电压，提高传感器的灵敏度。

4.3 多晶硅纳米薄膜压力传感器的设计

4.3.1 有限元分析法

有限元分析法是把研究对象划分成有限个单元，也就是所谓的网格离散化。每一个节点含有 3 个自由度，如果一个单元由 n 个节点组成，则其自由度为 $3n$ 个。

三维有限元分析法一般选择四面体单元，6 个体积相等的四面体单元构成一个立方体，如图 4-3 所示。这样不仅给网格划分带来了方

便，而且单元的自由度最少，体积又相等，使计算变得更加简洁。于是把连续的弹性体离散成有限个数的四面体组合体。

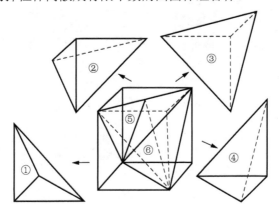

图 4-3　6 个四面体单元构成一个立方体

选择图 4-4 中的 *ijmp* 单元进行三维有限元分析，*i*、*j*、*m*、*p* 为单元的 4 个节点。

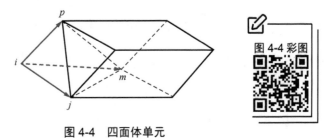

图 4-4　四面体单元

单元中任何一点的 3 个位移分量可取线性位移模式。

$$u = \alpha_0 + \alpha_1 x_1 + \alpha_2 x_2 + \alpha_3 x_3$$
$$v = \beta_0 + \beta_1 x_1 + \beta_2 x_2 + \beta_3 x_3 \qquad (4\text{-}12)$$
$$w = \gamma_0 + \gamma_1 x_1 + \gamma_2 x_2 + \gamma_3 x_3$$

式中：$\alpha_0, \alpha_1, \alpha_2, \alpha_3, \beta_0, \beta_1, \beta_2, \beta_3, \gamma_0, \gamma_1, \gamma_2, \gamma_3$ ——待求常数；

多晶硅纳米薄膜压阻式压力传感器

x_1, x_2, x_3 ——坐标分量。

取上述线性模型时，涉及 12 个待求常数，正好可以从节点的 12 个自由度相应的位移向量中解出。

对 u 分量来说，其待定常数为 $\alpha_0, \alpha_1, \alpha_2, \alpha_3$ 单元各节点的位移。u 分量可表示为

$$
\begin{aligned}
u_i &= \alpha_0 + \alpha_1 x_{1i} + \alpha_2 x_{2i} + \alpha_3 x_{3i} \\
u_j &= \alpha_0 + \alpha_1 x_{1j} + \alpha_2 x_{2j} + \alpha_3 x_{3j} \\
u_m &= \alpha_0 + \alpha_1 x_{1m} + \alpha_2 x_{2m} + \alpha_3 x_{3m} \\
u_p &= \alpha_0 + \alpha_1 x_{1p} + \alpha_2 x_{2p} + \alpha_3 x_{3p}
\end{aligned}
\tag{4-13}
$$

由式（4-13）可以求出

$$
\begin{Bmatrix} \alpha_0 \\ \alpha_1 \\ \alpha_2 \\ \alpha_3 \end{Bmatrix} =
\begin{bmatrix} 1 & x_{1i} & x_{2i} & x_{3i} \\ 1 & x_{1j} & x_{2j} & x_{3j} \\ 1 & x_{1m} & x_{2m} & x_{3m} \\ 1 & x_{1p} & x_{2p} & x_{3p} \end{bmatrix}^{-1}
\begin{Bmatrix} u_i \\ u_j \\ u_m \\ u_p \end{Bmatrix}
\tag{4-14}
$$

将式（4-14）代入式（4-12），得到

$$
u = \begin{Bmatrix} 1 & x_1 & x_2 & x_3 \end{Bmatrix}
\begin{bmatrix} 1 & x_{1i} & x_{2i} & x_{3i} \\ 1 & x_{1j} & x_{2j} & x_{3j} \\ 1 & x_{1m} & x_{2m} & x_{3m} \\ 1 & x_{1p} & x_{2p} & x_{3p} \end{bmatrix}^{-1}
\begin{Bmatrix} u_i \\ u_j \\ u_m \\ u_p \end{Bmatrix}
$$

$$
= \begin{Bmatrix} N_i & -N_j & N_m & -N_p \end{Bmatrix}
\begin{Bmatrix} u_i \\ u_j \\ u_m \\ u_p \end{Bmatrix} = N_i u_i - N_j u_j + N_m u_m - N_p u_p
\tag{4-15}
$$

同样，单元的 v 和 w 分量，也可以用节点的位移分量表示。于是有

100

$$u = N_i u_i - N_j u_j + N_m u_m - N_p u_p$$

$$v = N_i v_i - N_j v_j + N_m v_m - N_p v_p \qquad (4\text{-}16)$$

$$w = N_i w_i - N_j w_j + N_m w_m - N_p w_p$$

即单元中任意一点位移可以表示为

$$\begin{Bmatrix} u \\ v \\ w \end{Bmatrix} = \begin{bmatrix} N_i & 0 & 0 & -N_j & 0 & 0 & N_m & 0 & 0 & -N_p & 0 & 0 \\ 0 & N_i & 0 & 0 & -N_j & 0 & 0 & N_m & 0 & 0 & -N_p & 0 \\ 0 & 0 & N_i & 0 & 0 & -N_j & 0 & 0 & N_m & 0 & 0 & -N_p \end{bmatrix} \{\delta\}^e$$

$$(4\text{-}17)$$

其中单元的节点位移向量为

$$\{\delta\}^e = \left\{ u_i v_i w_i \,\middle|\, u_j v_j w_j \,\middle|\, u_m v_m w_m \,\middle|\, u_p v_p w_p \right\}^{\mathrm{T}} \qquad (4\text{-}18)$$

单元中任何一点的应变与位移之间的关系可表示为

$$\{e\} = \begin{Bmatrix} e_{11} \\ e_{22} \\ e_{33} \\ \gamma_{12} \\ \gamma_{32} \\ \gamma_{31} \end{Bmatrix} = \begin{Bmatrix} \partial u / \partial x_1 \\ \partial v / \partial x_2 \\ \partial w / \partial x_3 \\ \partial u / \partial x_1 + \partial v / \partial x_2 \\ \partial v / \partial x_3 + \partial w / \partial x_2 \\ \partial u / \partial x_3 + \partial w / \partial x_1 \end{Bmatrix} \qquad (4\text{-}19)$$

得到

$$\{e\} = \frac{1}{V} \begin{bmatrix} b_i & 0 & 0 & -b_i & 0 & 0 & b_m & 0 & 0 & -b_p & 0 & 0 \\ 0 & c_i & 0 & 0 & -c_j & 0 & 0 & c_m & 0 & 0 & -c_p & 0 \\ 0 & 0 & d_i & 0 & 0 & -d_j & 0 & 0 & d_m & 0 & 0 & -d_p \\ c_i & b_i & 0 & -c_j & -b_j & 0 & c_m & b_m & 0 & -c_p & -b_p & 0 \\ 0 & d_i & c_i & 0 & -d_j & -c_j & 0 & d_m & c_m & 0 & -d_p & -c_p \\ d_i & 0 & b_i & -d_j & 0 & -b_j & d_m & 0 & b_m & -d_p & 0 & -b_p \end{bmatrix} \{\delta\}^e$$

$$(4\text{-}20)$$

式（4-20）可以简写为

$$\{e\} = \left[\, [B_i] - [B_j][B_m] - [B_p] \,\right]\{\delta\}^e = [B]\{\delta\}^e \qquad (4\text{-}21)$$

单元的虚功方程为

$$\{\delta\}^{eT}\{F\}^e = \int_{V_0} \{X\}^T \{e\} \mathrm{d}x_1 \mathrm{d}x_2 \mathrm{d}x_3$$
$$= \{\delta\}^{eT} \int_{V_0} [B]^T [D][B] \mathrm{d}x_1 \mathrm{d}x_2 \mathrm{d}x_3 \{\delta\}^e \qquad (4\text{-}22)$$

于是得到单元的节点向量为

$$\{F\}^e = \int_{V_0} [B]^T [D][B] \mathrm{d}x_1 \mathrm{d}x_2 \mathrm{d}x_3 \{\delta\}^e \qquad (4\text{-}23)$$

其中，$[D] = [D]^T$ 为对称矩阵，$[B]$ 中的元素都是常数，只与节点坐标有关，因此可从积分符号中移出。于是有

$$\{F\}^e = [B]^T [D][B] V_0 \{\delta\}^e \qquad (4\text{-}24)$$

式中：V_0——四面体单元的体积，$V_0 = \int_{V_0} \mathrm{d}x_1 \mathrm{d}x_2 \mathrm{d}x_3 = \dfrac{1}{6} V$，即四面体

单元的体积等于四面体节点间矢量构成的平行六面体体积的 1/6。

式（4-24）实际上就是单元的刚度方程，描述节点位移与节点力之间的关系。即

$$\{F\}^e = [K]^e \{\delta\}^e \qquad (4\text{-}25)$$

将单元刚度矩阵 $[K]_{12\times 12}^e$ 扩大为全体节点 J 的整体刚度矩阵 $[K]_{3J\times 3J}$ 同阶次的矩阵。$[K]_{3J\times 3J}$ 中超过 $[K]_{12\times 12}^e$ 的元素用零补齐，则整

体刚度矩阵可由 $[K]^e_{12\times12}$ 叠加而成，即

$$[K] = \sum_{i=1}^{n}[K]^{ei}_{3J\times3J} \tag{4-26}$$

式中：n——整个结构被划分的单元总数。

对压力传感器来说，无集中力，也无体力（重力很小可忽略），只有作用在传感器敏感膜片表面上的流体压力 q。也就是说，对于固体内部各节点来说，其总节点力为该节点周围各单元在此节点上的节点力之和。根据力平衡条件，该点的总节点力为零。只有表面上的单元才需要计算由流体压力引起的单元的节点等效载荷。因此对这些单元来说，

$$\{F\}^e = \iint_A q[N]^{\mathrm{T}}\mathrm{d}A \tag{4-27}$$

在硅杯与底座连接处也存在着平衡流体压力所需的分布面力 q_1，其方向与 q 相反。

$$q_1 = qS / S_1 \tag{4-28}$$

式中：S——硅杯承受流体压力的有效面积；

S_1——硅杯与底座的接触面积。

对硅杯与底座的接触面来说，各单元的节点等效载荷为

$$\{F\}^e = -\iint_A q_1[N]^{\mathrm{T}}\mathrm{d}A \tag{4-29}$$

于是组建整体刚度方程时，全部节点力向量列阵的各分量：当节点处在体内时为零；当节点处在自由表面时也为零；仅当处在与流体或基座接触面上时，节点等效载荷由式（4-27）和式（4-28）决定。

整体刚度方程的边界条件是，固接面上的节点的各方向的位移全部为零。

由整体刚度方程

$$[K]\{\delta\} = \{F\} \tag{4-30}$$

可以得到全部各节点的位移 δ_i，也就随之得到各单元的位移 $\{\delta\}^e$，由 $\{X\}^e = [D]\{e\}^e = [D][B]\{\delta\}^e$ 得到各单元中的应力分布。

4.3.2 多晶硅纳米薄膜压力传感器的结构优化设计

压力传感器的硅杯结构一般都是通过化学腐蚀方法来制备的，并采用集成电路工艺将压敏电阻制备在硅杯的敏感膜片上。敏感膜片与硅杯是一体的，当压力作用在敏感膜片上时，除敏感膜片产生形变导致压敏电阻产生压阻效应外，硅杯也会发生形变，因此有必要用有限元分析软件对传感器结构的应变分布进行模拟分析。ANSYS 作为大型通用的有限元分析软件，具有精度高、适应性强及计算格式规范统一等特点，是工程运用上的重要工具。我们借助 ANSYS 有限元分析软件对压力传感器进行有限元仿真，并根据仿真结果进行传感器结构的优化设计。在建立有限元模型的过程中，为了使有限元模型和实际情况更加接近，抛弃了压力传感器有限元分析中惯用的单层膜法，所建立压力传感器的有限元模型由硅杯（包括压力腔、敏感膜片）、二氧化硅绝缘层和多晶硅纳米薄膜层构成。

　　在有限元分析中，需要对各单元材料的属性进行定义，其中（100）
晶面单晶硅、二氧化硅和多晶硅纳米薄膜材料的杨氏模量、剪切模量、
泊松比和密度等参数如表 4-1 所示。在表 4-1 中，多晶硅纳米薄膜的
杨氏模量 157.86GPa 和泊松比 0.22 正是第 3 章研究的结果，而多晶硅
纳米薄膜的密度则参考普通多晶硅薄膜。由于二氧化硅绝缘层和多晶
硅纳米薄膜都很薄，且主要以受拉应力和压应力为主，基本不存在剪
切应力，因此二者的剪切模量可忽略不计。

表 4-1　　（100）晶面单晶硅、二氧化硅和多晶硅纳米薄膜的材料属性[125]

参数	（100）晶面单晶硅			二氧化硅	多晶硅纳米薄膜
杨氏模量/ GPa	E_X=169	E_Y=169	E_Z=130	73	157.86
剪切模量/ GPa	G_{XY}=80	G_{YZ}=51	G_{XZ}=51	—	—
泊松比	PR$_{XY}$=0.28	PR$_{YZ}$=0.06	PR$_{XZ}$=0.06	0.2	0.22
密度/ （kg/m³）	2.33×10³			2.2×10³	2.33×10³

　　所设计的压力传感器的量程为 0～0.6MPa。考虑到封装因素，传
感器芯片的最大尺寸应小于 5mm×4mm，这样才能封装进管壳内。为
了获得高灵敏度，应尽量增大压敏电阻处的应变值，这就需要减小敏
感膜片的厚度，但是如果敏感膜片太薄，就会引起敏感膜片的大挠度
形变，增加结构的非线性，因此需要在灵敏度和结构非线性之间进行
折中考虑。通常为了保证传感器的敏感膜片工作时处于线性形变，敏
感膜片应处于小挠度形变范围内。一般而言，当硅膜片的应变小于

500με 时，就可以满足上述要求[126]。首先设计了 3 个压力传感器的结构尺寸，详见图 4-5、图 4-7 和图 4-9。由于敏感膜片的厚度对压力传感器上表面的应变分布影响非常大，因此这 3 种结构尺寸的主要区别就在于敏感膜片的厚度。对这 3 个传感器的结构进行有限元仿真，目的是寻找哪个传感器结构既满足敏感膜片上的应变小于 500με，同时应变又是最大的，这样可同时满足高灵敏度和小挠度形变要求。最后还要求应变在敏感膜片中心和边缘处的数值应尽可能接近，以满足惠斯通电桥要求。根据这些设计准则来对多晶硅纳米薄膜压力传感器进行优化设计。

在传感器的 3 个结构设计尺寸中，多晶硅纳米薄膜的厚度均为 80nm，这是在第 2 章中关于多晶硅纳米薄膜优化工艺条件的研究结果，氧化层厚度均为 630nm。压力传感器的第一个结构设计尺寸如图 4-5 所示，该传感器的敏感膜片厚度为 80μm。

在 ANSYS 里建立完有限元模型后，先定义单元类型和材料属性，再对模型进行网格划分，然后施加载荷（0.6MPa）和边界条件，最后求解就可以得到压力传感器上表面应变分布结果。为了能更充分地说明压力传感器上表面的应变分布情况，并且了解各处应变的具体数值，因此在压力传感器上表面沿 X 方向的对称轴定义一条路径（此即 Y 轴），主要查看 Y 轴上 X 方向和 Y 方向的应变分布，因为压敏电阻主要沿 Y 轴分布。在以下各仿真图中，X 方向为横向，Y 方向为纵向，实线代表的是纵向应变，虚线代表的是横向应变。

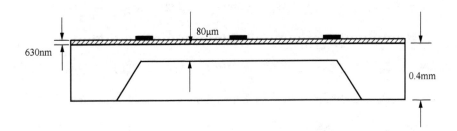

（a）压力传感器截面图

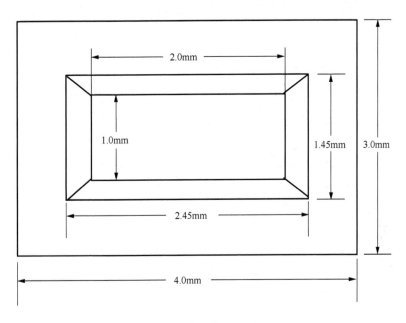

（b）压力传感器平面图

图 4-5 压力传感器的第一个结构设计尺寸

所设计的第一个压力传感器上表面 Y 轴的纵向应变分布和横向应变分布如图 4-6 所示。由图 4-6 可知，在压力传感器上表面敏感膜片边缘处平均微应变为 151，而敏感膜片中心处平均微应变为-182。首先，这两个应变绝对值相差较大，约为 17.0%，不满足惠斯通电桥要求。其次，这些应变值虽然满足小挠度形变要求，但是数值太小，不利于提高压力传感器的灵敏度，因此不选择该结构设计尺寸作为最终的压力传感器加工尺寸。

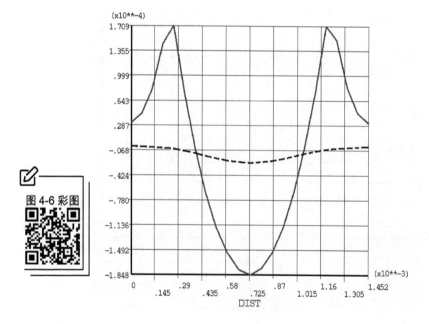

图 4-6 彩图

图 4-6 所设计的第一个压力传感器上表面 Y 轴的纵向应变分布和横向应变分布

压力传感器的第二个结构设计尺寸如图 4-7 所示，该传感器的敏感膜片厚度为 30μm。

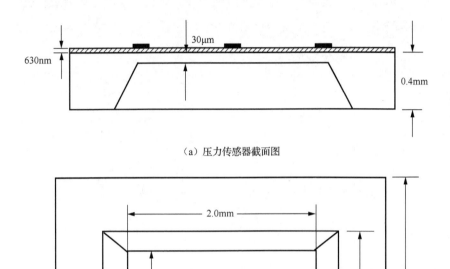

（a）压力传感器截面图

（b）压力传感器平面图

图 4-7　压力传感器的第二个结构设计尺寸

同样，经过建模、网格划分、施加载荷和边界条件，最后求解就可以得到设计的第二个压力传感器上表面 Y 轴的纵向应变分布和横向应变分布，如图 4-8 所示。

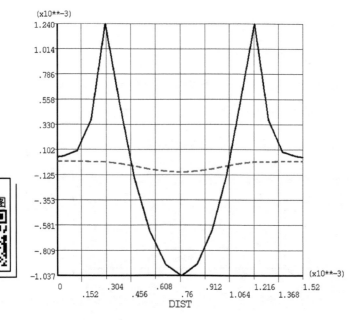

图 4-8　所设计的第二个压力传感器上表面 Y 轴的纵向应变分布和横向应变分布

由图 4-8 可知，在压力传感器上表面敏感膜片边缘处平均微应变为 1034，而敏感膜片中心处平均微应变为-1014。这两个应变绝对值比较接近，满足惠斯通电桥要求。但是，这些应变绝对值远大于 $500\mu\varepsilon$，不满足小挠度形变要求，因此也不选择该结构设计尺寸作为最终的压力传感器加工尺寸。

前两个设计的压力传感器敏感膜片的厚度分别为 $80\mu m$ 和 $30\mu m$，这两个压力传感器上表面的应变分布都不满足设计要求，其中一个应变值太小，而另一个应变值太大，于是考虑将压力传感器的敏感膜片的厚度设为 80μm 和 30μm 之间。压力传感器的第三个结构设计尺寸如图 4-9 所示，该传感器的敏感膜片厚度为 60μm。

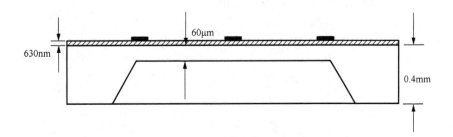

（a）压力传感器截面图

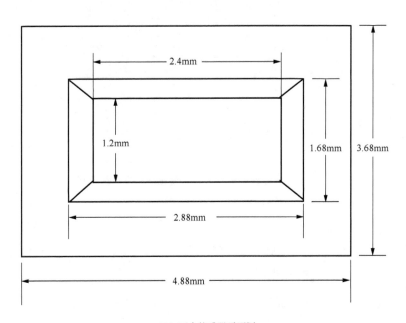

（b）压力传感器平面图

图 4-9　压力传感器的第三个结构设计尺寸

　　同样，经过建模、网格划分、施加载荷和边界条件，最后求解就可以得到设计的第三个压力传感器上表面横向应变分布和纵向应变分布，分别如图 4-10 和图 4-11 所示。

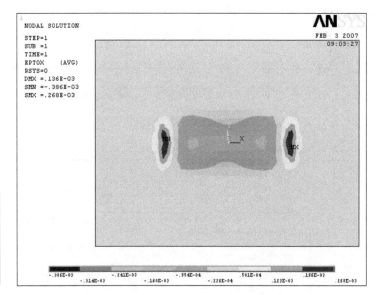

图 4-10 彩图

图 4-10　所设计的第三个压力传感器上表面横向应变分布

　　由图 4-10 可知，在压力传感器上表面敏感膜片中心区域的横向应变很小，且膜片长边附近的中心区域横向应变也很小；而由图 4-11 可知，膜片中心区域和长边附近的中心区域纵向应变都很大。该传感器上表面 Y 轴的纵向应变分布和横向应变分布如图 4-12 所示。

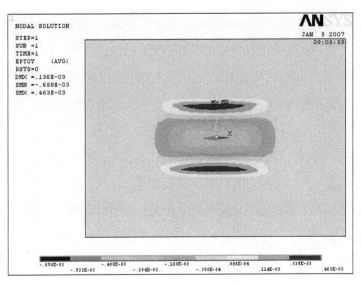

图 4-11 彩图

图 4-11　所设计的第三个压力传感器上表面纵向应变分布

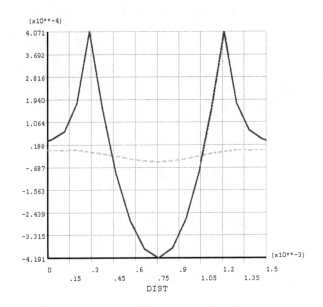

图 4-12 彩图

图 4-12　所设计的第三个压力传感器上表面 Y 轴的

纵向应变分布和横向应变分布

由图 4-12 可知，在压力传感器上表面敏感膜片边缘处平均微应变为 398，而在敏感膜片中心处平均微应变为-401。这两个应变绝对值非常接近，满足惠斯通电桥要求。而且，这些应变绝对值都小于 500με，满足小挠度形变要求，且应变值较大，有利于灵敏度的提高，因此选择该结构设计尺寸作为最终的压力传感器加工尺寸。

在图 4-12 中，沿 Y 轴方向，敏感膜片边缘中心处应变较大，而且超过膜片边界仍具有较大的应变，应变峰值正好处于膜片边缘处，并且在膜片中心区域的应变与膜片边缘处应变的绝对值相差很小，同时横向应变最大不超过纵向应变的 5%。结合多晶硅纳米薄膜的压阻效应可知，横向效应最多只是纵向效应的 2.5%，因此在设计多晶硅压敏电阻条的布局时要充分利用矩形硅膜结构的这一特性。将其中一组电阻条放置在膜片中心区域，另一组放置在膜片长边附近的中心区域，且 4 个电阻都沿 Y 轴方向放置，这样能够极大地抑制横向压阻效应，从而提高压力传感器的灵敏度。压力传感器上表面应变分布的仿真结果不但确定了压力传感器结构的优化设计尺寸，而且也确定了多晶硅纳米薄膜压敏电阻的具体分布位置。

4.3.3 多晶硅纳米薄膜压敏电阻的设计

在 4.3.2 节中，我们对压力传感器的结构尺寸进行了优化设计，并且确定了多晶硅纳米薄膜压敏电阻的具体分布位置。下面主要就多晶硅纳米薄膜压敏电阻的阻值和形状进行分析。惠斯通电桥是由弹性膜片上的 4 个压敏电阻构成的，压敏电阻的设计是否合理直接影响压力传感器的性能。

　　压敏电阻阻值的选择原则是电阻条的阻值应与电阻输出端负载相匹配。当负载有较大变化时,电桥输出电流不应有大的变化。图 4-13所示为惠斯通电桥的等效电路。

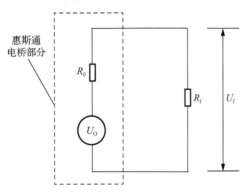

图 4-13　惠斯通电桥的等效电路

　　假设压力传感器输出端接的负载电阻为 R_f,则负载上所获得的电压(U_f)为

$$U_f = \frac{R_f}{R_0 + R_f} U_o = \frac{U_o}{R_0 / R_f + 1} \qquad (4\text{-}31)$$

式中:　R_0——压力传感器不受压力作用时的桥臂电阻值,$R_0 = R_1 = R_2 = R_3 = R_4$;

　　　　U_o——惠斯通电桥的输出电压。

　　由式(4-31)可知,只有当 $R_0 / R_f \ll 1$ 时,即 $U_f \approx U_o$,负载上所获得的电压才接近理想值,即 $U_f \approx U_o$,那么此时压力传感器芯片的输出电阻 R_0(等于惠斯通电桥的桥臂电阻)应尽可能小些。一般外加电压为 3~12V,桥臂电阻为 2~5kΩ,流过桥臂的电流为1~2mA,本书中的多晶硅纳米薄膜电阻的阻值设计在 2kΩ 左右。

一般地，单晶硅电阻器的单位面积最大功耗为 $P_{\max}=5\times10^{-3}\,\mathrm{mW}/\mu m^2$，当电阻条上有钝化膜影响散热时，$P_{\max}$ 还应该更小。那么多晶硅电阻条的实际单位面积功耗可写成

$$P=\frac{I^2R}{lb}=\frac{I^2\rho l}{b\delta lb}=\frac{I^2R_\square}{b^2} \tag{4-32}$$

式中：$R_\square$ ——薄膜电阻的方块电阻；

      I ——流过薄膜电阻的电流；

      R ——电阻；

      l ——薄膜电阻的长度；

      b ——薄膜电阻的宽度；

      ρ ——薄膜电阻的电阻率；

      δ ——薄膜电阻的厚度。

取 $P=P_{\max}$，代入式（4-32）可得多晶硅电阻单位宽度允许通过的电流 $(I_{\max})$（单位面积电流除以电阻长度）为

$$I_{\max}=\frac{b}{l}\left(\frac{P_{\max}}{R_\square}\right)^{\frac{1}{2}}=0.048\mathrm{mA}/\mu m \tag{4-33}$$

式中：$P_{\max}$ ——最大功耗；

      $I_{\max}$ ——最大电流。

若采用 5V 恒压源供电，则桥臂电流约为 2.27mA。由式（4-33）可知，多晶硅纳米薄膜压敏电阻的宽度至少应该为 47.29μm。考虑到制版、光刻误差，在满足局部要求的条件下多晶硅纳米薄膜压敏电阻应尽可能宽些；从功耗角度来考虑，也希望电阻条宽些。因为电流通过电阻之后，电阻发热会引起温度漂移，较宽的电阻可使散热

面积加大，抑制电阻的温度升高。本书取电阻宽度为 60μm，根据前期的实验结果可知，膜厚为 80nm，掺杂浓度为 $3\times10^{20}\text{cm}^{-3}$ 的多晶硅纳米薄膜的方块电阻 $R_\square$ 约为 2.2kΩ，所以电阻条的尺寸选为 60μm×60μm。由于电阻之间需要金属引线连接，因此电阻两端需要留下与金属接触的部分，为了保证金属和多晶硅纳米薄膜压敏电阻的良好接触，选择的接触面积为 50μm×60μm。因此，最终多晶硅纳米薄膜电阻条的尺寸为 160μm×60μm，有效多晶硅纳米薄膜压敏电阻的尺寸为 60μm×60μm。

4.3.4　压力传感器版图设计

在对压力传感器结构进行优化设计及多晶硅纳米薄膜压敏电阻设计分析的基础上，利用专业版图设计软件完成相关版图设计。压力传感器的版图共包括 4 块掩模版，分别为多晶硅纳米薄膜电阻掩模版、硅杯窗口掩模版、金属引线掩模版和钝化掩模版。在各个版图中，上边缘的虚线和十字线为对版标记。

多晶硅纳米薄膜电阻掩模版如图 4-14 所示。版图中共包括 8 个电阻，每个电阻尺寸为 160μm×60μm，可以构成两套惠斯通电桥，这样可以形成冗余，通过不同桥臂电阻的搭配，使桥臂电阻值尽量接近，以减小零点输出和零点热漂移。

本书采用化学腐蚀法制备硅杯结构，硅杯窗口的尺寸主要由各向异性腐蚀工艺决定。这里选择 N 型（100）晶面单晶硅片作为衬底，在腐蚀过程中，由于（100）晶面的腐蚀速率远远大于（111）晶面的腐蚀速率，因此腐蚀主要沿着垂直于硅片表面的方向进行，对硅杯侧壁（111）晶面的腐蚀非常小，最后侧壁与硅杯表面形成 54.74° 的倾角。通过计算可以得到硅杯窗口的尺寸。硅杯窗口掩模版如图 4-15 所示。

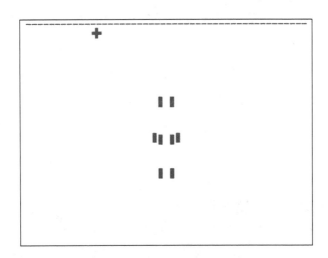

图 4-14　多晶硅纳米薄膜电阻掩模版

图 4-14 彩图

图 4-15　硅杯窗口掩模版

图 4-15 彩图

　　金属引线掩模版如图 4-16 所示。利用金属铝完成多晶硅纳米薄膜电阻之间的电连接，要求铝条引线的电阻越小越好，因此应尽量加大引线的宽度，铝条引线最窄处的宽度为 80μm，最宽处为 200μm。同时，热敏电阻也采用金属铝制作，要求热敏电阻铝条的电阻越大越好，因此热敏电阻铝条的宽度应设计得窄一些，这里作为热敏电阻的铝条的宽度为 20μm。此外，热敏电阻位于弹性膜片周围的非压敏区域，弹性膜片受压力发生的形变不会影响热敏电阻。

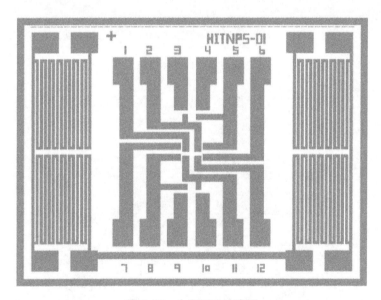

图 4-16　金属引线掩模版

　　最后要将整个压力传感器芯片上表面除压焊点以外的区域均以钝化层保护，以避免外界环境的不良影响，提高器件的可靠性和寿命。钝化掩模版如图 4-17 所示。

图 4-17　钝化掩模版

压力传感器的整体版图如图 4-18 所示。版图的横向步进尺寸为 5180μm，纵向步进尺寸为 3980μm。

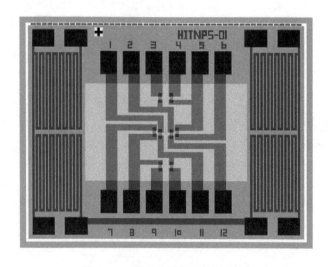

图 4-18　压力传感器的整体版图

4.4　多晶硅纳米薄膜压力传感器的制作

4.4.1　工艺流程

将优化工艺条件的多晶硅纳米薄膜作为压力传感器压敏电阻的制作材料，利用厚度为 400μm 的单晶硅作衬底、二氧化硅作绝缘层，配合氧化、淀积、离子注入、光刻、金属蒸镀、各向异性腐蚀、真空键合等 MEMS 工艺，完成多晶硅纳米薄膜压力传感器的研制。多晶硅纳米薄膜压力传感器加工的具体工艺流程如下。

（1）选取双面抛光 N 型（100）晶面的单晶硅片作为衬底，硅片厚 400μm，电阻率为 2～4Ω·cm 。

（2）硅片清洗干净后，在 1100℃高温条件下双面热氧生长二氧化硅，氧化层厚度为 630nm，氧化氛围为干氧+湿氧+干氧。二氧化硅层既作为多晶硅压力传感器的绝缘层，又是背面氮化硅层与单晶硅之间的过渡层。

（3）利用 LPCVD 技术在硅片背面淀积氮化硅，厚度为 190nm，淀积温度为 635℃，此氮化硅层作为后续硅杯刻蚀的掩蔽层。

（4）利用 LPCVD 技术在硅片正面淀积多晶硅纳米薄膜，厚度为 80nm，淀积温度为 620℃（优化工艺参数）。

（5）利用 PECVD 技术在硅片正面淀积一层二氧化硅，厚度为 100nm，淀积温度为 350℃，该二氧化硅层作为离子注入的缓冲层。

多晶硅纳米薄膜非常薄，离子注入时很容易注入过深，使得大部分杂质原子分布在多晶硅下的二氧化硅层内，这样多晶硅纳米薄膜就达不到需要的掺杂浓度。而在多晶硅上淀积一层二氧化硅可以很好地控制注入深度，并且还可以作为多晶硅纳米薄膜的保护层。缓冲层的厚度可通过离子注入杂质原子分布理论来求得。

（6）通过离子注入对多晶硅纳米薄膜进行硼掺杂，注入剂量为$6.3 \times 10^{15} \text{cm}^{-2}$，注入能量为 60keV，使多晶硅纳米薄膜的掺杂浓度达到$3 \times 10^{20} \text{cm}^{-3}$（优化工艺参数）。

（7）由于离子注入会引起晶格损伤，因此硅片需要在 1100℃的氮气氛围内退火 30min，以恢复晶格。

（8）去掉 PECVD 淀积的二氧化硅缓冲层。

（9）正面刻蚀多晶硅电阻条，掩模版为多晶硅纳米薄膜电阻掩模版。

（10）采用真空镀膜机对硅片正面镀铝，厚度约为 1μm。

（11）光刻背面硅杯窗口，掩模版为硅杯窗口掩模版。首先利用等离子刻蚀背面的氮化硅，然后利用氢氟酸（HF）溶液刻蚀氮化硅层下的二氧化硅层。

（12）正面反刻铝，形成铝引线及铝热敏电阻，掩模版为金属引线掩模版。

（13）正面淀积氮化硅作为钝化层，并光刻压焊点，掩模版为钝化掩模版。

（14）各向异性腐蚀硅杯，腐蚀液为 KOH 溶液，浓度为 40%，温度为 70℃，腐蚀深度为 340μm，使压力腔弹性膜厚度为 60μm。

（15）去掉背面氮化硅及二氧化硅掩模层，将硅片背面与玻璃真空静电键合以形成绝压腔。

多晶硅纳米薄膜压力传感器的详细工艺流程如图 4-19 所示。

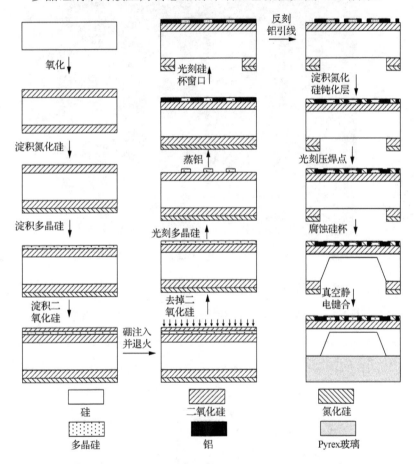

图 4-19　多晶硅纳米薄膜压力传感器的详细工艺流程

4.4.2　芯片与传感器样品

经过完整的工艺流程，加工制作出多晶硅纳米薄膜压力传感器的芯片样品，其照片如图 4-20 所示。

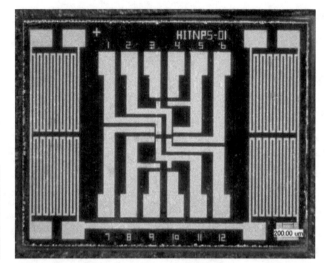

图4-20彩图

图 4-20　多晶硅纳米薄膜压力传感器的芯片样品照片

多晶硅纳米薄膜压力传感器芯片样品制作完成后，对该芯片进行封装以便测试，封装采用常用的固态隔离封装技术，隔离液为不可压缩的无机液体硅油。多晶硅纳米薄膜压力传感器的封装结构示意图如图 4-21 所示。该传感器是量程为 0～0.6MPa 的绝压式压力传感器。

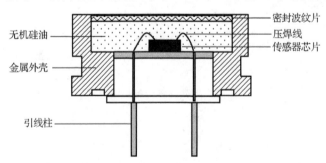

图 4-21　多晶硅纳米薄膜压力传感器的封装结构示意图

多晶硅纳米薄膜压力传感器的实物照片如图 4-22 所示。

（a）注油封装前传感器的内部照片　　（b）注油封装后传感器的整体照片

图 4-22　多晶硅纳米薄膜压力传感器的实物照片

4.4.3　掺杂浓度的控制

通过第 2 章的实验研究可知，多晶硅纳米薄膜的压阻特性与掺杂浓度有着密切的关系。为了保证薄膜能够达到优化工艺条件下的性能参数（表 2-4），必须精确控制薄膜的掺杂浓度，因此采用离子注入技术对多晶硅纳米薄膜进行掺杂，以使薄膜达到优化掺杂浓度 $3×10^{20}\text{cm}^{-3}$。

离子注入技术由于具有掺杂剂量控制精确、掺杂纯度高、重复性与均匀性好、横向扩散小、无热变形等优点，已经取代传统高温扩散工艺成为目前半导体材料掺杂的主要工艺技术。离子注入技术是将所需的注入元素电离成正离子，并使其获得所需的能量，然后以很快的速度射入固体材料中的技术。当具有一定初始能量的入射离子射入固体材料时，入射离子会与材料中的原子核或电子发生碰撞，在碰撞过程中把能量传给原子核或电子，而随着入射离子的能量减小，同时运动方向发生偏转，这样不断碰撞，能量不断损失，入射离子将最终在材料中的某一点停下来。一个离子从进入材料到停止点所通过的路径总长度称为射程。射程在入射方向上的投影长度称为投影射程，以 R_p 表示。一个入射离子进入材料后，所经历的碰撞过程是一个随机过程，尽管入射离子的种类和能量均相同，但各个离子从进入材料到停止点所经过的路径却不尽相同，最后停止点的位置也不尽相同，即各个离子的射程和投影射程都不相同。但对于大量以相同能量入射的同种离子来说，仍然存在一定的统计规律性。把大量入射离子射程的平均值称为平均射程，而把大量入射离子投影射程的平均值称为平均投影射程，用 $\bar{R}_p$ 表示，它表示大量入射离子进入材料的平均深度。各个入射离子的投影射程分散地分布在平均投影射程的周围，用标准偏差 σ_p 来表示分散情况。平均投影射程 $\bar{R}_p$ 和标准偏差 σ_p 是离子注入杂质原子分布的两个重要参数。不同杂质离子在不同材料中的平均投影射程和标准偏差可通过查表来获得[58,60]。

比较严格的关于离子注入杂质原子分布的理论计算是由 Lindhand、Scharff 和 Schiott 三人提出的，称为 LSS 理论。LSS 理论指出，杂质原子的射程分布为高斯分布，即注入杂质随深度方向的分布为高斯分布，可由下式表示。

$$N(x) = \frac{N_0}{\sqrt{2\pi}\sigma_p} \exp\left[-\frac{\left(x - \bar{R}_p\right)^2}{2\sigma_p{}^2}\right] \qquad (4\text{-}34)$$

式中：N_0——注入剂量，进入单位面积材料的注入离子的数量，单位为 cm^{-2}；

x——注入深度，单位为 cm。

本书采用硼原子对多晶硅纳米薄膜进行掺杂，注入能量为 60keV。通过查表可知硼原子在硅材料中的平均投影射程为 $\bar{R}_{p\_Si} = 190.1nm$，

标准偏差为 $\sigma_{\text{p\_Si}} = 54.56\text{nm}$。本书用来制作压敏电阻的多晶硅纳米薄膜厚度非常薄，仅为 80nm 左右，而硼原子在硅材料中的平均投影射程为 $\overline{R}_{\text{p\_Si}} = 190.1\text{nm}$，因此若直接对多晶硅纳米薄膜进行离子注入，则大部分杂质原子将穿透多晶硅纳米薄膜而停留在其下的二氧化硅层里，这样多晶硅纳米薄膜就达不到所需的掺杂浓度。本书利用 PECVD 技术在多晶硅纳米薄膜上淀积一层二氧化硅，该二氧化硅层作为离子注入的缓冲层，主要作用是调整多晶硅纳米薄膜内的杂质原子分布，使其达到所需的掺杂浓度。通过查表可知，硼原子在二氧化硅材料中的平均投影射程为 $\overline{R}_{\text{p\_SiO}_2} = 197.2\text{nm}$，标准偏差为 $\sigma_{\text{p\_SiO}_2} = 55.0\text{nm}$。设二氧化硅缓冲层的厚度为 T_{SiO_2}，则根据 LSS 理论可知，在单位面积二氧化硅缓冲层里的杂质原子的数量（N_{SiO_2}）为

$$N_{\text{SiO}_2} = \int_0^{T_{\text{SiO}_2}} \frac{N_0}{\sqrt{2\pi}\sigma_{\text{p\_SiO}_2}} \exp\left[-\frac{\left(x - \overline{R}_{\text{p\_SiO}_2}\right)^2}{2\sigma_{\text{p\_SiO}_2}^{\,2}}\right]\mathrm{d}x \qquad (4\text{-}35)$$

而在单位面积多晶硅纳米薄膜里杂质原子的数量（N_{PS}）为

$$N_{\text{PS}} = \int_{T_{\text{SiO}_2}}^{T_{\text{polysilicon}}} \frac{\left(N_0 - N_{\text{SiO}_2}\right)}{\sqrt{2\pi}\sigma_{\text{p\_Si}}} \exp\left[-\frac{\left(x - \overline{R}_{\text{p\_Si}}\right)^2}{2\sigma_{\text{p\_Si}}^{\,2}}\right]\mathrm{d}x \qquad (4\text{-}36)$$

式中：$T_{\text{polysilicon}}$——多晶硅纳米薄膜的厚度。

离子注入后所有样品都需要进行高温退火，以恢复晶格损伤。在退火的过程中，注入的杂质会均匀分布，所以多晶硅纳米薄膜的平均掺杂浓度（D）为

$$D = \frac{N_{\text{PS}}}{T_{\text{polysilicon}}} \qquad (4\text{-}37)$$

根据式（4-35）~式（4-37）可知，当注入剂量为 $6.3 \times 10^{15}\,cm^{-2}$ 且二氧化硅缓冲层厚 100nm 时，多晶硅纳米薄膜的掺杂浓度为 $3.0 \times 10^{20}\,cm^{-3}$，即可通过缓冲层厚度和注入剂量的协调配合来实现对掺杂浓度的控制，使其达到优化掺杂浓度。缓冲层厚度和注入剂量已经分别在 4.4.1 节工艺流程（5）和（6）中体现。

4.5 本 章 小 结

本章进行了多晶硅纳米薄膜的压力传感器应用研究。首先介绍了半导体的压阻效应和多晶硅压力传感器的工作原理，然后利用 ANSYS 有限元分析软件对多晶硅纳米薄膜压力传感器进行了模拟仿真，根据仿真结果进行了传感器结构的优化设计。同时还对多晶硅纳米薄膜压敏电阻的阻值和尺寸进行了分析。根据压力传感器结构的优化设计及多晶硅纳米薄膜压敏电阻的设计分析，利用专业版图设计软件完成了相关版图设计。

利用多晶硅纳米薄膜作为压力传感器压敏电阻的制作材料，制定传感器加工的完整工艺流程，突破了传感器研制过程中的关键工艺，根据多晶硅纳米薄膜厚度非常薄这一特点，通过缓冲层厚度和注入剂量的协调配合实现对掺杂浓度的控制，最终完成了多晶硅纳米薄膜压力传感器的研制，为后续的测试工作提供传感器样品。研究结果表明，多晶硅纳米薄膜可成功应用于压阻式压力传感器。

第 5 章

多晶硅纳米薄膜压力传感器的测试与分析

　　在第 4 章已经详细描述了多晶硅纳米薄膜压力传感器的设计与制作，并完成了传感器芯片样品的研制。本章主要对该传感器进行一系列的测试，并对测试结果进行分析和评价。

5.1　压力传感器静态特性技术指标

　　压力传感器的性能通常用静态特性技术指标来表示，主要包括满量程输出（full scale output）、重复性（repetitiveness）、迟滞（hysteresis）、线性度（linearity）、基本误差（basic error）、灵敏度（sensitivity）和零点输出（offset）等。

5.1.1　校准曲线、工作直线和满量程输出

　　按照压力传感器的检定规程，压力传感器在整个测量范围内有 $m(\geqslant 6)$ 个检定点，并进行 $n(\geqslant 3)$ 次循环检定。

　　各检定点的正、反行程检定示值的算术平均值按下式计算。

$$\begin{aligned}
\bar{y}_{\mathrm{I}i} &= \frac{1}{n}\sum_{j=1}^{n} y_{\mathrm{I}ij} \ (i=1,2,\cdots,m)\\
\bar{y}_{\mathrm{D}i} &= \frac{1}{n}\sum_{j=1}^{n} y_{\mathrm{D}ij} \ (i=1,2,\cdots,m)
\end{aligned} \tag{5-1}$$

式中：$y_{\mathrm{I}ij}$ —— 正行程第 i 个检定点第 j 次检定示值；

　　　$y_{\mathrm{D}ij}$ —— 反行程第 i 个检定点第 j 次检定示值。

分别由 $\bar{y}_{\mathrm{I}i}$ 和 $\bar{y}_{\mathrm{D}i}$ 连接的曲线称为正、反行程校准曲线。各检定点的正行程和反行程检定示值的算术平均值为

$$\bar{y}_i = \frac{1}{2}\left(\bar{y}_{\mathrm{I}i} + \bar{y}_{\mathrm{D}i}\right) \quad (i = 1, 2, \cdots, m) \tag{5-2}$$

由 $\bar{y}_i$ 连接的曲线称为压力传感器的校准曲线。通常采用端点平移线或最小二乘直线作为压力传感器的工作直线，由于最小二乘法具有精度高的特点，因此一般选用最小二乘直线作为压力传感器的工作直线。

压力传感器工作直线采用的最小二乘直线 y_{LS} 的方程为

$$y_{\mathrm{LS}} = a' + b'P \tag{5-3}$$

式中：P —— 输入压力。

式（5-3）中，截距 a' 的计算式为

$$a' = \frac{\displaystyle\sum_{i=1}^{m} p_i^2 \sum_{i=1}^{m} \bar{y}_i - \sum_{i=1}^{m} p_i \sum_{i=1}^{m} \bar{y}_i p_i}{\displaystyle m \sum_{i=1}^{m} p_i^2 - \left(\sum_{i=1}^{m} p_i\right)^2} \tag{5-4}$$

斜率 b' 的计算式为

$$b' = \frac{\displaystyle m \sum_{i=1}^{m} \bar{y}_i p_i - \sum_{i=1}^{m} p_i \sum_{i=1}^{m} \bar{y}_i}{\displaystyle m \sum_{i=1}^{m} p_i^2 - \left(\sum_{i=1}^{m} p_i\right)^2} \tag{5-5}$$

满量程输出（y_{FS}）表征压力传感器能够承受最大输入量的能力，其数值是在规定条件下，压力传感器工作直线的上限值 y_{m} 与下限值

y_1 之差的绝对值。

$$y_{FS} = |y_m - y_1| \qquad (5\text{-}6)$$

5.1.2　重复性、迟滞和线性度

重复性是指在同一工作条件下，对同一输入值按同一方向连续多次测量，得到输出值的相互一致程度。重复性越好，压力传感器的工作越佳。重复性误差（ξ_s）表示其随机误差的极限，按下式计算。

$$\xi_s = \frac{3s}{y_{FS}} \times 100\% \qquad (5\text{-}7)$$

式中：s ——压力传感器在整个测量范围内的标准偏差。

$$s = \sqrt{\frac{1}{2m}\left(\sum_{i=1}^{m} s_{Ii}^2 + \sum_{i=1}^{m} s_{Di}^2\right)} \qquad (5\text{-}8)$$

式中：s_{Ii} ——正行程子样标准偏差；

s_{Di} ——反行程子样标准偏差。

$$S_{Ii} = \sqrt{\frac{1}{n-1}\sum_{j=1}^{n}\left(y_{Iij} - \overline{y}_{Ii}\right)^2}$$
$$S_{Di} = \sqrt{\frac{1}{n-1}\sum_{j=1}^{n}\left(y_{Dij} - \overline{y}_{Di}\right)^2} \qquad (5\text{-}9)$$

迟滞是压力传感器输入—输出曲线对应同一大小的输入量正、反行程输出量的差值。迟滞（ξ_H）反映了传感器元件的摩擦、间隙和吸收释放能量的不一致性。

$$\xi_{\mathrm{H}} = \frac{\left|\Delta y_{\mathrm{H}}\right|_{\max}}{y_{\mathrm{FS}}} \times 100\% \qquad (5\text{-}10)$$

式中：$\left|\Delta y_{\mathrm{H}}\right|_{\max}$ ——同一检定点正、反行程示值算术平均值的最大偏差，

$$\left|\Delta y_{\mathrm{H}}\right|_{\max} = \max\left(\left|\overline{y}_{\mathrm{I}i} - \overline{y}_{\mathrm{D}i}\right|\right)(i = 1, 2, \cdots, m)\text{。}$$

标准曲线与规定直线之间的吻合程度称为线性度。实际上只有在理想情况下，压力传感器的输入—输出特性才呈线性。若压力传感器的输入量为 x，输出量为 y，则

$$y = a_0 + a_1 x + a_2 x^2 + \cdots + a_n x^n \qquad (5\text{-}11)$$

式中：a_0 ——零位输出；

a_1 ——灵敏度（常用 S 表示）；

$a_2, \cdots, a_n$ ——非线性项的系数。

用非线性表示压力传感器的输出量与被测物理量的变化关系的误差，压力传感器的非线性（N_{L}）为

$$N_{\mathrm{L}} = \pm \frac{\left|\Delta y_{\mathrm{L}}\right|_{\max}}{y_{\mathrm{FS}}} \times 100\% \qquad (5\text{-}12)$$

式中：$\left|\Delta y_{\mathrm{L}}\right|_{\max}$ ——输出量与理论值之间的最大偏差，$\left|\Delta y_{\mathrm{L}}\right|_{\max} = \max\left(\overline{y}_i - y_i\right)(i = 1, 2, \cdots, m)\text{。}$

5.1.3 基本误差、灵敏度和零点输出

采用最小二乘直线作为工作直线的压力传感器，计算各检定点正、反行程示值的算术平均值，分别与最小二乘直线对应点 $y_{\mathrm{LS}i}$ 之间

的差值。

$$
\left(\Delta y_{\mathrm{LH}}\right)_{\mathrm{I}i} = \overline{y}_{\mathrm{I}i} - y_{\mathrm{LS}i} \ (i=1,2,\cdots,m)
$$
$$
\left(\Delta y_{\mathrm{LH}}\right)_{\mathrm{D}i} = \overline{y}_{\mathrm{D}i} - y_{\mathrm{LS}i} \ (i=1,2,\cdots,m) \tag{5-13}
$$

则采用最小二乘直线的系统误差（ ξ_{LH} ）为

$$
\xi_{\mathrm{LH}} = \frac{\left|\Delta y_{\mathrm{LH}}\right|_{\max}}{y_{\mathrm{FS}}} \times 100\% \tag{5-14}
$$

式中： $\left|\Delta y_{\mathrm{LH}}\right|_{\max} = \max\left(\left(\Delta y_{\mathrm{LH}}\right)_{\mathrm{I}i}, \left(\Delta y_{\mathrm{LH}}\right)_{\mathrm{D}i}\right)$ 。

于是，压力传感器的基本误差（ A ）为

$$
A = \pm\left(\xi_{\mathrm{s}} + \xi_{\mathrm{LH}}\right) \tag{5-15}
$$

灵敏度是指传感器达到稳定后，输出增量与输入增量之比。线性传感器静态灵敏度（ S ）为

$$
S = \Delta y / \Delta x \tag{5-16}
$$

式中： Δx ——输入的变化量；

　　　Δy ——输出的变化量。

对于采用最小二乘直线作为工作直线的压力传感器，通常将最小二乘直线的斜率作为压力传感器的灵敏度。零点输出表示在某一温度时，无外界压力时压力传感器的输出，反映了压敏电阻的匹配程度。

5.2　测试系统与测试方法

对所研制的多晶硅纳米薄膜压力传感器进行测试，测试系统示意图如图 5-1 所示。在图 5-1 中，控温箱采用广州爱斯佩克仪器有限公司生产的高低温控箱，型号为 EG-04AGP，控温精度可达 $\pm 0.01\,^{\circ}\!\mathrm{C}$。气标压力计为 Mensor PCS400 Pressure Calibration System。恒压源为 MOTECH LPS-305 数控式线性直流稳压源，供电 5.00V。高精度数字万用表采用六位半型 Keithley 2000 Multimeter。

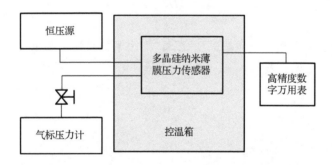

图 5-1　多晶硅纳米薄膜压力传感器测试系统示意图

测试时通过气标压力计来精确控制施加的压力大小，恒压源为压力传感器提供了 5.00V 的工作电压，压力传感器在该工作电压下将压力信号转化为电桥电路的电压信号输出，其数值反映在高精度数字万用表上，同时温控箱负责控制测试环境的温度。

多晶硅纳米薄膜压力传感器的测试主要是考虑在某一温度下压力传感器输出电压随外界压力的变化。为了测量压力传感器的高温特性，从 0℃到 200℃共取 6 个温度测试点，分别为 0℃、25℃、50℃、100℃、150℃和 200℃。所设计的压力传感器量程为 0~0.6MPa，测试过程中压力信号的变化步长取为 0.1MPa，满量程共取 6 个检定点。按照压力传感器标定规程，压力信号由低到高逐渐增加到 0.6MPa，再由高到低降至 0MPa，该过程称为一个行程。对每个温度测试点都进行 3 个行程的测试。对于每个行程中的每一个检定点，等施加的压力稳定后再读取压力传感器的输出数据，最后根据 5.1 节的静态特性技术指标，就可得到压力传感器的各项性能参数。

5.3　测试结果与分析

5.3.1　测试结果

压力传感器在不同温度下的工作曲线如图 5-2 所示。为了方便，并没有画出每一个温度测试点下 3 个行程的全部测试数据，而是用每一个温度测试点下压力传感器的校准曲线来作为该温度下压力传感器的工作曲线。

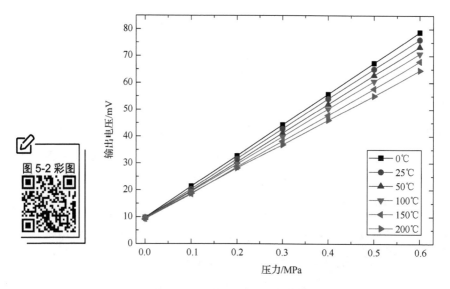

图 5-2 彩图

图 5-2　压力传感器在不同温度下的工作曲线

根据图 5-2 可得到压力传感器的灵敏度和零点输出与测试温度的关系，如图 5-3 所示。在图 5-3 中，0℃时压力传感器的灵敏度为 23mV/V/MPa，200℃时压力传感器的灵敏度为 18.27mV/V/MPa，随着温度的增加压力传感器的灵敏度下降，这与扩散硅压力传感器和普通多晶硅压力传感器是一样的。在整个测量温度范围内，压力传感器的零点输出都在 10mV 左右，零点输出很小，这表明所制备的多晶硅纳米薄膜压敏电阻比较匹配。

根据压力传感器的静态特性技术指标，计算多晶硅纳米薄膜压力传感器的主要性能参数，如表 5-1 所示。在表 5-1 中，灵敏度的温度系数（Temperature Coefficient of Sensitivity，TCS）和零点的温度系数（Temperature Coefficient of Offset，TCO）是通过对图 5-3 中的实验数据进行最小二乘拟合而来的。

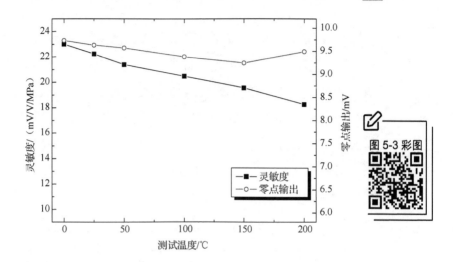

图 5-3　压力传感器的灵敏度和零点输出与测试温度的关系

表 5-1　多晶硅纳米薄膜压力传感器的主要性能参数

参　数	数　值	
温度/℃	25	200
灵敏度/（mV/V/MPa）	22.23	18.27
满量程输出/mV	66.38	54.82
零点输出/mV	9.63	9.49
灵敏度的温度系数/（%/℃）	−0.098	
零点的温度系数/（%/℃）	−0.017	
线性度/（%FSO）	0.06	0.38
迟滞/（%FSO）	0.49	0.93
重复性/（%FSO）	1.08	2.07
基本误差/（%）	1.46	3.83

为了进一步验证多晶硅纳米薄膜压力传感器的性能，还对封装后的另外 5 支压力传感器进行了测试，结果如表 5-2 所示。由表 5-2 可知，另外 5 支压力传感器的性能也很好，灵敏度都比较高，最大值为 22.46mV/V/MPa，最小值为 21.63mV/V/MPa，平均值为 22.01mV/V/MPa。TCS 基本在-0.1%/℃左右，TCO（绝对值）基本在 0.02%/℃附近。对另外 5 支压力传感器的测试表明，该类型的压力传感器具有较好的一致性，性能稳定。

表 5-2　另外 5 支多晶硅纳米薄膜压力传感器的性能参数

No.	灵敏度（25℃）/ （mV/V/MPa）	灵敏度的温度系数/ （%/℃）	零点的温度系数/ （%/℃）
2#	21.71	−0.11	−0.025
3#	22.29	−0.092	0.031
4#	21.63	−0.089	0.013
5#	21.92	−0.1	−0.021
6#	22.46	−0.099	0.015

将所研制的多晶硅纳米薄膜压力传感器和普通多晶硅压力传感器[40]以及其他类型的高温压力传感器，包括 SIMOX（Separation by Implanted Oxygen，注氧隔离）压力传感器[127]和 SOI 压力传感器[128]进行性能比较，结果如表 5-3 所示。之所以选用文献[40]中报道的普通多晶硅压力传感器进行比较，是因为该传感器和本书研制的压力传感器在结构、形状、尺寸及量程上都非常接近，这样比较出的结果会更有意义。

表 5-3 多晶硅纳米薄膜压力传感器和其他类型压力传感器的性能比较

性能	多晶硅纳米薄膜压力传感器	普通多晶硅压力传感器[40]	SIMOX 压力传感器[127]	SOI 压力传感器[128]
灵敏度/（mV/V/MPa）	22.23	4.42	0.46	60.9
灵敏度的温度系数/（%/℃）	−0.098	−0.077	−0.0082	−0.065
零点的温度系数/（%/℃）	−0.017	−0.08	0.0039	—
补偿	无	有	有	无
特点	工艺简单	工艺简单	工艺复杂	工艺复杂

由表 5-3 可知，多晶硅纳米薄膜压力传感器与普通多晶硅压力传感器相比，由于没有采取外界补偿，因此 TCS 稍大一些，但灵敏度显著提高，同时 TCO 也降低了，这表明多晶硅纳米薄膜比普通多晶硅薄膜更适合制作高温压力传感器；与 SIMOX 压力传感器相比，具有灵敏度高和工艺简单等优点，同样也由于没有采取外界补偿，因此 TCS 和 TCO 稍高；与 SOI 压力传感器相比，具有适中的灵敏度和工艺简单等优点。

5.3.2 零点热漂移分析

零点输出就是在某一参考温度和电激励条件下，无外加压力时压力传感器的输出。由于在实际的加工过程中，压敏电阻的实际光刻尺寸和设计尺寸的差别，以及不同压敏电阻掺杂的不均匀性，甚至还有封装时引入的应力，都会导致压敏电阻阻值的差异，因此压力传感器的零点输出不会为零，而且因为压敏电阻的阻值会随温度的变化而变化，所以零点输出也会随温度的变化而变化，这就是零点热漂移，通常用 TCO 来表示。

对于恒压源供电，惠斯通电桥的电压输出为

$$U_O = \frac{(R_1 R_3 - R_2 R_4)}{(R_1 + R_2)(R_3 + R_4)} U_B \quad (5\text{-}17)$$

若 $R_1 R_3 = R_2 R_4$，则零点输出为零。通常 $R_1 R_3 \neq R_2 R_4$，零点输出为

$$U_O = \frac{S_0}{K_0} U_B \quad (5\text{-}18)$$

式中，$S_0 = R_1 R_3 - R_2 R_4$，$K_0 = (R_1 + R_2)(R_3 + R_4)$。

于是零点热漂移为

$$\text{TCO} = \frac{\partial U_O}{\partial T} = \frac{U_B}{K_0} \cdot \frac{\partial S_0}{\partial T} - \frac{U_B S_0}{K_0^2} \cdot \frac{\partial K_0}{\partial T} = \frac{U_O}{S_0} \cdot \frac{\partial S_0}{\partial T} - \frac{U_O}{K_0} \cdot \frac{\partial K_0}{\partial T} \quad (5\text{-}19)$$

假设 $R_i = R_i^0 (1 + \alpha_i T)(i = 1, 2, 3, 4)$，$R_i^0$ 是参考温度下第 i 个电阻的初始值，α_i 为第 i 个电阻的温度系数，T 为参考温度。于是，

$$\begin{aligned}
K_0 &= (R_1 + R_2)(R_3 + R_4) \\
&= (R_1^0 + R_2^0)(R_3^0 + R_4^0) + (R_3^0 + R_4^0)(\alpha_1 R_1^0 + \alpha_2 R_2^0)T + \\
&\quad (R_1^0 + R_2^0)(\alpha_3 R_3^0 + \alpha_4 R_4^0)T + (\alpha_1 R_1^0 + \alpha_2 R_2^0)(\alpha_3 R_3^0 + \alpha_4 R_4^0)T^2
\end{aligned}$$

$$(5\text{-}20)$$

由于 α_i、α_j 很小，因此 $\alpha_i\alpha_j$ 可以被忽略，于是忽略方程（5-20）里的二次项后，方程（5-20）变为

$$K_0 = \left(R_1^0 + R_2^0\right)\left(R_3^0 + R_4^0\right) + \left(R_3^0 + R_4^0\right)\left(\alpha_1 R_1^0 + \alpha_2 R_2^0\right)T + \\ \left(R_1^0 + R_2^0\right)\left(\alpha_3 R_3^0 + \alpha_4 R_4^0\right)T \tag{5-21}$$

并且，

$$\begin{aligned} \frac{1}{K_0}\cdot\frac{\partial K_0}{\partial T} &\approx \frac{1}{\left(R_1^0 + R_2^0\right)\left(R_3^0 + R_4^0\right)}\cdot\frac{\partial K_0}{\partial T} \\ &= \frac{\alpha_1}{1+\dfrac{R_2}{R_1}} + \frac{\alpha_2}{1+\dfrac{R_1}{R_2}} + \frac{\alpha_3}{1+\dfrac{R_4}{R_3}} + \frac{\alpha_4}{1+\dfrac{R_3}{R_4}} \\ &\approx \frac{1}{2}\left(\alpha_1 + \alpha_2 + \alpha_3 + \alpha_4\right) \end{aligned} \tag{5-22}$$

采用同样的方法有

$$\frac{1}{S_0}\cdot\frac{\partial S_0}{\partial T} = \frac{\alpha_1 + \alpha_3}{1-\dfrac{R_2 R_4}{R_1 R_3}} + \frac{\alpha_2 + \alpha_4}{1-\dfrac{R_1 R_3}{R_2 R_4}} \tag{5-23}$$

尽管 4 个压敏电阻的阻值不可能完全一致，但都非常接近，所以比较式（5-22）和式（5-23）有

$$\frac{1}{S_0}\cdot\frac{\partial S_0}{\partial T} \gg \frac{1}{K_0}\cdot\frac{\partial K_0}{\partial T} \tag{5-24}$$

于是方程（5-19）变为[102]

$$\mathrm{TCO} = \frac{\partial U_O}{\partial T} \approx \frac{U_O}{S_0}\cdot\frac{\partial S_0}{\partial T} = \frac{U_B}{K_0}\left[\left(\alpha_1 + \alpha_3\right)R_1^0 R_3^0 - \left(\alpha_2 + \alpha_4\right)R_2^0 R_4^0\right] \tag{5-25}$$

由式（5-25）可知，减小零点热漂移的关键是压敏电阻的匹配及其温度系数的匹配。在 MEMS 工艺里，压敏电阻及其温度系数的不匹配是不可避免的[101]。可是如果压敏电阻的温度系数非常小，根据式（5-25）可知，传感器的 TCO 也应该非常小。对于多晶硅纳米薄膜压力传感器，除了保证高灵敏度和低温度系数外，另一个设计思路就是通过优化压敏电阻的掺杂浓度来极大地降低电阻的温度系数，以尽量减小压力传感器的 TCO。通过表 5-2 和表 5-3 可知，多晶硅纳米薄膜压力传感器 TCO 的测试值基本在 ±0.02%/℃ 附近，其绝对值比普通多晶硅压力传感器的 TCO（−0.08%/℃）（绝对值）小，这表明在工艺过程中对多晶硅纳米薄膜电阻的掺杂浓度和温度系数的控制满足设计要求，实现了通过降低电阻的温度系数来降低压力传感器 TCO 的设计思路。

5.3.3　灵敏度热漂移分析

压阻式压力传感器的灵敏度与压阻系数成正比，而压阻系数与温度有关，同时温度变化会引入由绝缘层 SiO_2 和钝化层 Si_3N_4 与多晶硅热膨胀系数的差别而造成的热应力，该热应力也会产生附加的压阻效应，于是压力传感器的灵敏度与温度有关，这就是灵敏度热漂移，通常用 TCS 来表示。

对于恒压源供电，若只考虑应变系数的温度效应，则灵敏度热漂移为

$$TCS = \frac{1}{S} \cdot \frac{\partial S}{\partial T} = \frac{1}{\pi} \cdot \frac{\partial \pi}{\partial T} = \frac{1}{GF} \cdot \frac{\partial GF}{\partial T} = TCGF \qquad (5\text{-}26)$$

式中：S ——灵敏度；

　　　π ——压阻系数；

　　　GF ——应变系数；

　　　TCGF ——应变系数的温度系数。

在式（5-26）中，忽略杨氏模量随温度的微小变化[54]。由式（5-26）可知，TCS 与 TCGF 相等。本书所研究的多晶硅纳米薄膜，在优选工艺条件下，TCGF 为-0.11%/℃，而实际测量压力传感器的灵敏度热漂移大多在-0.1%/℃附近，二者非常接近，表明掺杂浓度和温度系数的控制满足设计思路。由于多晶硅纳米薄膜具有良好的压阻特性，因此多晶硅纳米薄膜压力传感器可在保证较高灵敏度的同时降低 TCS。

5.4　本 章 小 结

本章主要对多晶硅纳米薄膜压力传感器进行性能测试分析。首先介绍了多晶硅纳米薄膜压力传感器的静态特性技术指标、测试系统及测试方法，然后对多晶硅纳米薄膜压力传感器在不同温度下的性能进行了测试，得到了该传感器的主要性能参数。测试结果表明，多晶硅纳米薄膜压力传感器的灵敏度较高，常温下为 22.23mV/V/MPa，在 0～200℃范围内，该传感器的 TCS 为-0.098%/℃，TCO 为-0.017%/℃。

将研制的多晶硅纳米薄膜压力传感器和普通多晶硅压力传感器以及其他类型的高温压力传感器进行了比较，表明多晶硅纳米薄膜压力传感器可以同时获得高灵敏度和低温度系数，并且 TCO 也非常小，而且还具有加工工艺简单等优点。

最后对多晶硅纳米薄膜压力传感器的零点热漂移和灵敏度热漂移进行了分析，结果表明在工艺过程中对多晶硅纳米薄膜的掺杂浓度和温度系数的控制满足设计要求。

本章的研究结果表明，由于多晶硅纳米薄膜优越的压阻特性，因此所研制的压力传感器具有良好的性能。

参 考 文 献

[1] 彭英才，何宇亮. 纳米硅薄膜研究的最新进展[J]. 稀有金属，1999，23(1)：42-45.

[2] 王阳元，卡明斯. 多晶硅薄膜及其在集成电路中的应用[M]. 北京：科学出版社，1988.

[3] AKHTAR J, DIXIT B B, PANT B D, et al. Polysilicon Piezoresistive Pressure Sensors Based on MEMS Technology[J]. IETE Journal of Research, 2003, 49(6): 365-377.

[4] BELL D J, LU T J, FLECK N A, et al. MEMS Actuators and Sensors: Observation on Their Performance and Selection for Purpose[J]. Journal of Micromechanics and Microengineering, 2005, 15(7): 153-156.

[5] OBIETA I, CASTANO E, GRACIA F J. High-temperature Polysilicon Pressure Microsensor[J]. Sensors and Actuators A: Physical, 1995, 46(1-3): 161-165.

[6] KWON K, PARK S. Three Axis Piezoresistive Accelerometer Using Polysilicon Layer[C]. International Conference on Solid-state Sensors and Actuators, 1997.

[7] DRUZHININ A, LAVITSKA E, MARYAMOVA I, et al. Mechanical Sensors Based on Laser-recrystallized SOI Structures[J]. Sensors and Actuators A: Physical, 1997, 61(1-3): 400-404.

[8] WU Z H, LAI P T, SIN J K O. A New High-temperature Thermal Sensor Based on Large-grain Polysilicon on Insulator[J]. Sensors and Actuators A: Physical, 2006, 130: 129-134.

[9] 王善慈. 多晶硅敏感技术（连载一）[J]. 传感器技术，1994，1：56-64.

[10] KLEIMANN P, SEMMACHE B, BERRE M, et al. Thermal Drift of Piezoresistive Properties of LPCVD Polysilicon Thin Films between Room Temperature and 200℃[J]. Materials Science and Engineering B, 1997, 46(1-3)：43-46.

[11] DIMOVA-MALINOVSKA D, ANGELOV O, SENDOVA-VASSILEVA M, et al. Polycrystalline Silicon Thin Films on Glass Substrate[J]. Thin Solid Films, 2004, 451/452(3)：303-307.

[12] GIRGINOUDI D, MITSINAKIS A, KOTSANI M, et al. Properties of Polycrystalline Silicon Films Obtained by Rapid Thermal Processing for Micromechanical Sensors[J]. Journal of Non-crystalline Solids, 2004, 343(1-3)：54-60.

[13] KAMINS T I. Structure and Properties of LPCVD Silicon Films[J]. Journal of Electrochemical Society, 1980, 127(33)：686-690.

[14] AI B，SHEN H, LIANG Z, et al. Electrical Properties of B-doped Polycrystalline Silicon Thin Films Prepared by Rapid Thermal Chemical Vapour Deposition[J]. Thin Solid Films, 2006, 497：157-162.

[15] MALHAIRE C, BARBIER D. Design of a Polysilicon-on-insulator Pressure Sensors with Original Polysilicon Layout for Harsh Environment[J]. Thin Solid Films, 2003, 427(1-2)：362-366.

[16] ERSKINE J C. Polycrystalline Silicon-on-metal Strain Gauge Transducer[J]. IEEE Transactions on Electron Devices, 1983, 30(7)：796-801.

[17] FRENCH P J, EVENS A G R. Piezoresistance in Polysilicon[J]. Electronics Letters, 1984, 20(24)：999-1000.

[18] SCHUBERT D, JENSCHKE W, UHLIG T, et al. Piezoresistive Properties of Polycrystalline and Crystalline Silicon Films[J]. Sensors and Actuators A：Physical, 1987, 11：145-155.

[19] GRIDCHIN V A, LUBIMSKY V M, SARINA M P. Piezoresistive Properties of Polysilicon Films[J]. Sensors and Actuators A：Physical, 1995, 49(1-2)：67-72.

[20] FRENCH P J, EVANS A G R. Polycrystalline Silicon Strain Sensors[J]. Sensors and Actuators A：Physical, 1985, 8(3)：135-142.

[21] 刘晓为，霍明学，陈伟平，等. 多晶硅薄膜压阻系数的理论研究[J]. 半导体学报，2004，25(3)：292-296.

[22] 揣荣岩，刘晓为，霍明学，等. 掺杂浓度对多晶硅纳米薄膜应变系数的影响[J]. 半导体学报，2006，27(7)：1230-1235.

[23] LIU X, CHUAI R, SONG M, et al. The Influence of Thickness on Piezoresistive Properties of Poly-Si Nanofilms[C]. Conference on MEMS, MOES and Micromachining Ⅱ, 2006.

[24] 揣荣岩，刘晓为，潘慧艳，等. 不同淀积温度多晶硅纳米薄膜的压阻特性[J]. 传感技术学报，2006，19(5)：1810-1814.

[25] LIU X, WU Y, CHUAI R, et al. Temperature Characteristics of Polysilicon Piezoresistive Nanofilm Depending on Film Structure[J]. Proceedings of 2nd IEEE International Nanoelectronics Conference, 2008.

[26] 揣荣岩. 多晶硅纳米薄膜压阻机理与特性的研究[D]. 哈尔滨：哈尔滨工业大学，2007.

[27] SMITH C S. Piezoresistance Effect in Germanium and Silicon[J]. Physical Review, 1954, 94(1)：42-49.

[28] RICHTER J, PEDERSEN J, BRANDBYGE M, et al.Piezoresistance in P-type Silicon Revisited[J]. Journal of Applied Physics, 2008, 104(2)：1-8.

[29] MASON W P, THURSTON R N. Use of Piezoresistive Materials in the Measurement of Displacement, Force, and Torque[J]. The Journal of the Acoustical Society of America, 1957, 29(10)：1096-1101.

[30] TUFTE O N, STELZER E L. Piezoresistive Properties of Silicon Diffused Layers[J]. Journal of Applied Physics, 1963, 34(2)：313-318.

[31] ARAVAMUDHAN S, BHANSALI S. Reinforced Piezoresistive Pressure Sensor for Ocean Depth Measurements[J]. Sensors and Actuators A：Physical, 2008, 142(1)：111-117.

[32] CHIOU J A, CHEN S. Pressure Nonlinearity of Micromachined Piezoresistive Pressure Sensors with Thin Diaphragms under High Residual Stresses[J]. Sensors and Actuators A：Physical, 2008, 147(1)：332-339.

[33] 徐淑霞. 多晶硅高温压力传感器设计[D]. 沈阳：沈阳工业大学，2003.

[34] JAFFE J M. Monolithic Polycrystalline-silicon Pressure Transducer[J]. Electronic Letters, 1974, 10(20)：420-421.

[35] SUSKI J, MOSSER V, GOSS J. Polysilicon SOI Pressure Sensors[J]. Sensors and Actuators A：Physical, 1989, 17(3-4)：405-414.

[36] MOSSER V, SUSKI J, GOSS J, et al. Piezoresistive Pressure Sensors Based on Polycrystalline Silicon[J]. Sensors and Actuators A：Physical, 1991, 28：113-132.

[37] 刘晓为，张国威，刘振茂，等. 多晶硅高温压力传感器[J]. 传感器技术，1990(5)：34-35.

[38] GUO S, TAN S, WANG W. Temperature Characteristics of Microcrystalline and Polycrystalline Silicon Pressure Sensors[J]. Sensors and Actuators A：Physical,

1990, 21(1-3): 133-136.

[39] 张维新，毛赣如，姚素英，等. 多晶硅压力传感器[J]. 天津大学学报，1996，29(3): 466-468.

[40] LIU X, WANG W, WANG X, et al. High-temperature Pressure and Temperature Multi-function Sensors[C]. Proceedings of 5th International Conference on Solid-state and Integrated Circuit Technology, 1998.

[41] CHAU K H L, FUNG D, HARRIS P R, et al. A Versatile Polysilicon Diaphragm Pressure Sensor Chip[C]. International Electron Devices Meeting, 1991.

[42] OBERMEIER E，KOPYSTYNSKI P. Polysilicon as a Material for Microsensor Application[J]. Sensors and Actuators A: Physical, 1992, 30(1-2): 149-155.

[43] 王跃林，刘理天，郑心畲，等. 多晶硅应变膜压力传感器[J]. 半导体学报，1990，11(9): 694-697.

[44] 毛赣如，姚素英，曲宏伟，等. 新型多晶硅压力传感器[J]. 天津大学学报，1997，30(6): 767-770.

[45] 曲宏伟，张为，姚素英，等. 双岛结构多晶硅压力传感器削角补偿技术的研究[J]. 天津大学学报，2000，33(2): 244-246.

[46] LI X，YITSHAK, WONG M. Fabrication and Characterization of Nickel-induced Laterally Crystallized Polycrystalline Silicon Piezo-resistive Sensors[J]. Sensors and Actuators A: Physical, 2000, 82: 281-285.

[47] WANG M，MENG Z, WONG M, et al. Metal-induced Laterally Crystallized Polycrystalline Silicon for Integrated Sensor Applications[J]. IEEE Transactions on Electron Devices, 2001, 48(4): 794-800.

[48] 张威，王阳元. 多晶硅集成高温压力传感器研究[J]. 电子学报，2003，31(11): 1736-1738.

[49] 张为，姚素英，张生才，等. 多晶硅高温压力传感器的温度特性[J]. 西安电子科技大学学报(自然科学版)，2002，29(1)：142-145.

[50] SCHÄFER H, GRAEGER V, KOBS R. Temperature-independent Pressure Sensors Using Polycrystalline Silicon Strain Gauges[J]. Sensors and Actuators A：Physical, 1989, 17：521-527.

[51] BHAT K N, BHATTACHARYA E, DASGUPTA A, et al. Polysilicon Piezoresistive Pressure Sensor Using Silicon-on-insulator(SOI) Approach[J]. Proceedings of SPIE, 2003, 5062：853-862.

[52] 朱秀文，候曾燏，米健. 高性能多晶硅压力传感器的研制[J]. 传感技术学报，1993，6(1)：1-6.

[53] 庞科，张生才，姚素英，等. 多晶硅高温压力传感器的芯片内温度补偿[J]. 传感技术学报，2004，17(1)：118-121.

[54] 谭一云，于虹，黄庆安，等. 温度对硅纳米薄膜杨氏模量的影响[J]. 电子器件，2007，30(3)：755-758.

[55] SIVAKMMAR K, DASGUPTA N, BHAT K N. Sensitivity Enhancement of Polysilicon Piezoresistive Pressure Sensors with Phosphorous Diffused Resistors[J]. Journal of Physics：Conference Series, 2006, 34：216-221.

[56] MANDURAH M M, SARASWAT K C, HELMS C R, et al. Dopant Segregation in Polycrystalline Silicon[J]. Journal of Applied Physics, 1980, 51(11)：5755-5763.

[57] INOUE K, YANO F, NISHIDA A, et.al. Three Dimensional Characterization of Dopant Distribution in Polycrystalline Silicon by Laser-assisted Atom Probe[J]. Applied Physics Letters, 2008, 93(13)：1-3.

[58] CAMPBELL S A.微电子制造科学原理与工程技术[M]. 2 版. 曾莹，严利人，王纪民，等译. 北京：电子工业出版社，2004.

[59] MORATA A, DEZANNEAU G, TARANCON A, et al. Simulation of the Influence of Particle Size Distribution and Grain Boundary Resistance on the Electrical Response of 2D Polycrystals[J]. IEEE, 2004, 5：225-228.

[60] LINDHAND J, SCHARFF M, SCHIOTT H E. Range Concepts and Heavy Ion Ranges[M]. Copenhagen：I Kommission hos Ejnar Munksgaard, 1963.

[61] YAMADA K, NISHIHARA M, SHIMADA S, et al. Nonlinearity of the Piezoresistance effect of P-type Silicon Diffused Layers[J]. IEEE Transactions on Electron Devices, 1982, 29(1)：71-77.

[62] SUZUKI K, ISHIHARA T, HIRATA M, et al. Nonlinear Analysis of a CMOS Integrated Silicon Pressure Sensor[J]. IEEE Transactions on Electron Devices, 1987, 34(6)：1360-1367.

[63] SUZUKI K, HASEGAWA H, KANDA Y. Origin of the Linear and Nonlinear Piezoresistance Effects in P-type Silicon[J]. Japanese Journal of Applied Physics, 1984, 23(11)：871-874.

[64] MATSUDA K, SUZUKI K, YAMAMURA K, et al. Nonlinear Piezoresistance Effects in Silicon[J]. Journal of Applied Physics, 1993, 73(4)：1838-1847.

[65] SARINA M P, GRIDCHIN V A. The Theoretical Estimation of Second-order Gauge Factors of Polycrystalline Silicon[C]. Proceedings of the 5th Korea-Russia International Symposium on Science and Technology, 2001.

[66] CHEN J M, MACDONALD N C. Measuring the Nonlinearity of Silicon Piezoresistance by Tensile Loading of a Submicron Diameter Fiber Using a Microinstrument[J]. Review of Scientific Instruments, 2004, 75(1)：276-278.

[67] KOZLOVSKIY S I, NEDOSTUP V V, BOIKO I I. First-order Piezoresistance Coefficients in Heavily Doped P-type Silicon Crystals[J]. Sensors and Actuators A：Physical, 2007, 133(1)：72-81.

[68] KOZLOVSKIY S I, BOIKO I I. First-order Piezoresistance Coefficients in Silicon Crystals[J]. Sensors and Actuators A：Physical, 2005, 118(1)：33-43.

[69] 何培杰，陈翠英，王多辉. 传感器独立线性度的研究[J]. 传感器技术，1999，18(6): 26-27.

[70] YU N, GAO Y, CHEN Z. Resistivity Instability in Polysilicon Resistors under Metal Interconnects and its Suppression by Compensating Ion Implantation[J]. Chinese Journal of Semiconductors, 2001, 22(4)：511-515.

[71] 王玉清. 固体杨氏模量的测量[J]. 物理测试，2007，25(5)：47-48.

[72] SHIH W Y, ZHU Q, SHIH W H. Length and Thickness Dependence of Longitudinal Flexural Resonance Frequency Shifts of a Piezoelectric Microcantilever Sensor due to Young's Modulus Change[J]. Journal of Applied Physics, 2008, 104(7)：1-5 .

[73] CHANG W, ZOEMAN C. Determination of Young's Modulus of 3C(110) Single-crystal and (111) Polycrystalline Silicon Carbide from Operating Frequencies[J]. Journal of Materials Science, 2008, 43：4512-4517.

[74] 赵艳平，丁建宁，杨继昌，等. 微型高温压力传感器芯片设计分析与优化[J]. 传感技术学报，2006，19(5)：1829-1834.

[75] WORTMAN J J, EVANS R A. Young's Modulus，Shear Modulus, And Poisson's Ratio in Silicon and Germanium[J]. Journal of Applied Physics, 1965, 36(1)：153-156.

[76] GREEK S, ERICSON F, JOHANSSON S, et. al. Mechanical Characterization of Thick Polysilicon Films: Young's Modulus and Fracture Strength Evaluated with Microstructures[J]. Journal of Micromechanics and Microengineering, 1999, 9(3): 245-251.

[77] CHO C H. Characterization of Young's Modulus of Silicon Versus Temperature Using a "Beam Deflection" Method with a Four-point Bending Fixture[J]. Current Applied Physics, 2009, 9(2): 538-545.

[78] BERRYMAN J G.Bounds and Estimates for Elastic Constants of Random Polycrystals of Laminates[J]. International Journal of Solids and Structures, 2005, 42(13): 3730-3743.

[79] BERRYMAN J G. Bounds and Self-consistent Estimates for Elastic Constants of Random Polycrystals with Hexagonal, Trigonal, and Tetragonal Symmetries[J]. Journal of the Mechanics and Physics of Solids, 2005, 53(10): 2141-2173.

[80] DING J, MENG Y, WEN S. Experimental and Theoretical Study of Young's Modulus in Micromachined Polysilicon Films[J]. Tsinghua Science and Technology, 2002, 7(3): 270-275.

[81] CHASIOTIS I. The Strength of Polycrystalline Silicon at the Micro-and Nano-Scale with Applications to MEMS[D]. Pasadena: California Institute of Technology, 2002.

[82] CHOI J. Statistical Approach to the Elastic Property Extraction and Planar Elastic Response of Polycrystalline Thin-films[D]. Columbus: The Ohio State University, 2004.

[83] 谭一云, 于虹, 黄庆安, 等. 温度对硅纳米薄膜杨氏模量的影响[J]. 电子器件, 2007, 30(3): 755-758.

[84] 丁建宁，孟永钢，温诗铸. 多晶硅微悬臂梁断裂失效强度的尺寸效应[J]. 中国机械工程，2001，12(11)：1228-1232.

[85] 丁建宁，孟永钢，温诗铸. 微结构和尺寸约束下多晶硅微机械构件拉伸强度的尺寸效应[J]. 科学通报，2001，46(5)：436-440.

[86] CHASIOTIS I, KNAUSS W G. Mechanical Properties of Thin Polysilicon Films by Means of Probe Microscopy[C]. Proceedings of the SPIE Conference on Materials and Device Characteristics in Micromachining, 1998.

[87] YI T, KIM C J. Measurement of Mechanical Properties for MEMS Materials[J]. Measurement and Science Technology, 1999, 10(8)：706-716.

[88] LEE D C, CHOI H S, HAN C S, et al. A Compensation of Young's Modulus in Polysilicon Structure with Discontinuous Material Distribution[J]. Materials Letters, 2005, 59：3900-3903.

[89] 宋震煜. 纳米梁的非线性行为研究及单晶硅纳米薄膜杨氏模量的分子动力学模拟[D]. 南京：东南大学，2006.

[90] 孙泽辉. 纳米薄膜力学行为的分子动力学模拟研究[D]. 合肥：中国科技大学，2006.

[91] 周耐根. 薄膜晶体缺陷形成与控制的分子动力学模拟研究[D]. 南昌：南昌大学，2005.

[92] 肖鹏，冯晓利，李志信. 单晶硅薄膜法向热导率分子动力学研究[J]. 工程热物理学报，2002，23(6)：724-726.

[93] 齐卫宏. 分子动力学模拟 Pb 纳米薄膜的结合能和晶格参数的尺寸效应[J]. 材料导报，2006，20(8)：131-132.

[94] 曾凡林，孙毅. 纳米薄膜润滑的分子动力学模拟[J]. 哈尔滨工业大学学报，2006，38(9)：1426-1430.

[95] 王阳元，卡明斯，赵宝瑛，等. 多晶硅薄膜及其在集成电路中的应用[M]. 2版. 北京：科学出版社，2001：42-48.

[96] 魏希文，陈国栋. 多晶硅薄膜及其应用[M]. 大连：大连理工大学出版社，1988：30-34.

[97] BUNGE H J, KIEWEL R, REINERT T, et al. Elastic Properties of Polycrystals—Influence of Texture and Stereology[J]. Journal of the Mechanics and Physics of Solids, 2000, 48(1)：29-66.

[98] GUO C Y, WHEELER L. Extreme Poisson's Ratios and Related Elastic Crystal Properties[J]. Journal of the Mechanics and Physics of Solids, 2006, 54: 690-707.

[99] HENDRIX B C, YU L G. Self-consistent Elastic Properties for Transversely Isotropic Polycrystals[J]. Acta Materialia, 1998, 46(1)：127-135.

[100] FRENCH P J. Polysilicon: A Versatile Material for Microsystems[J]. Sensors and Actuators A：Physical, 2002, 99：3-12.

[101] BOUKABACHE A，PONS P, BLASQUEZ G, et al. Characterisation and Modelling of the Mismatch of TCRs and their Effects on the Drift of the Offset Voltage of Piezoresistive Pressure Sensors[J]. Sensors and Actuators A：Physical, 2000, 84(3)：292-296.

[102] 孙以材，刘玉岭，孟庆浩. 压力传感器的设计、制造与应用[M]. 北京：冶金工业出版社，2000：366-388.

[103] 顾利忠，苏菲，赵颉，等. 微机械材料杨氏模量的测量[J]. 光学精密工程，2000，8(3)：242-245.

[104] SHARPE W N, TURNER K T, EDWARDS R L.Tensile Testing of Polysilicon[J]. Experimental Mechanics, 1999, 39(3)：162-170.

[105] 张泰华，杨业敏，赵亚溥，等. MEMS 材料力学性能的测试技术[J]. 力学进展，2002，32(4)：546-562.

[106] RICHTER J, ARNOLDUS M B, HANSEN O, et al. Four Point Bending Setup for Characterization of Semiconductor Piezoresistance[J]. Review of Scientific Instruments, 2008, 79(4)：1-10.

[107] 黄元林，石宗利，李重庵. 薄膜弹性模量测定的四点弯曲法[J]. 兰州铁道学院学报，2000，19(6)：66-69.

[108] 丁建宁，孟永钢，温诗铸. 纳米硬度计研究多晶硅微悬臂梁的弹性模量[J]. 仪器仪表学报，2001，22(2)：186-189.

[109] 李刘合，金杰，刘惊涛，等. 不同晶粒形状材料力学性能的研究[J]. 航天制造技术，2006(2)：19-22.

[110] 周向阳，蒋庄德，王海容，等. 纳米压入法测试薄膜力学性能的若干关键影响因素分析[J]. 机械强度，2007，29(5)：737-744.

[111] 蒋锐，胡小方，许晓慧，等. 纳米压痕法研究 PZT 压电薄膜的力学性能[J]. 实验力学，2007，22(6)：575-580.

[112] OH C S, LEE H J, KO S G, et. al. Comparison of the Young's Modulus of Polysilicon Film by Tensile Testing and Nanoindentation[J]. Sensors and Actuators A：Physical, 2005, 117(1)：151-158.

[113] 李明，蓝林刚，庞海燕，等. 基于纳米压痕方式测定 PBX 的弹性模量[J]. 含能材料，2007，15(2)：101-104.

[114] 黎明，温诗铸. 纳米压痕技术理论基础[J]. 机械工程学报，2003，39(3)：142-145.

[115] 谭孟曦. 利用纳米压痕加载曲线计算硬度：压入深度关系及弹性模量[J]. 金属学报，2005，41(10)：1020-1024.

[116] 张天林，陈宇航，黄文浩，等. 纳米压痕中针尖效应的分析[J]. 中国科学技术大学学报，2009，39(4)：403-408.

[117] SRIVASTAVA A, ASTROM K J, TURNER K L, et al. Experimental Characteristics of Micro-friction on a Mica Surface Using the Lateral Motion and Force Measurement Capability of an Instrumented Indenter[J]. Tribology Letters, 2007, 27(3)：315-322.

[118] AL-HALHOULI A T, KAMPEN I, KRAH T, et al. Nanoindentation Testing of SU-8 Photoresist Mechanical Properties[J]. Microelectronic Engineering, 2008, 85(5-6)：942-944.

[119] 徐泰然. MEMS 与微系统：设计与制造[M]. 王晓浩，译. 北京：机械工业出版社，2004：225-226.

[120] MA L, WANG H, ZHAO J, et al. Anisotropy in Stability and Young's Modulus of Hydrogenated Silicon Nanowires[J]. Chemical Physics Letters, 2008, 452(1-3)：183-187.

[121] LI X, ONO T, WANG Y, et al. Study on Ultra-thin NEMS Cantilevers-high Yield Fabrication and Size-effect on Young's Modulus of Silicon[C]. The 5th IEEE International Conference on Microelectronmechnical Systems, 2002.

[122] CACCHIONE F, CORIGLIANO A, MASI B D, et al. Out of Plane vs. in Plane Flexural Behaviour of Thin Polysilicon Films：Mechanical Characterization and Application of the Weibull Approach[J]. Microelectronics Reliability, 2005, 45：1758-1763.

[123] SHARPE W N, YUAN B, VAIDYANATHAN R. et al. Measurements of Young's Modulus, Poisson's Ratio, and Tensile Strength of Polysilicon[C]. Proceedings of the Tenth IEEE International Workshop on

Microelectromechnical Systems, 1997.

[124] WANG J, HUANG Q, YU H. Young's Modulus of Silicon Nanoplates at Finite Temperature[J]. Applied Surface Science, 2008, 255: 2449-2455.

[125] 杨震宇，王明湘，王槐生. 多晶硅薄膜晶体管自加热效应温度分布的有限元模拟[J]. 半导体学报，2008，29(5)：954-959.

[126] PETERSEN K E. Silicon as a Mechanical Material[J]. IEEE, 1982, 70(5): 420-457.

[127] WANG Q, DING J, WANG W. Fabrication and Temperature Coefficient of Low Cost High Temperature Pressure Sensor[J]. Sensors and Actuators A: Physical, 2005, 120(2)：468-473.

[128] GUO S, ERIKSEN H, CHILDRESS K, et al. High Temperature Smart-cut SOI Pressure Sensor[J]. Sensors and Actuators A：Physical, 2009, 154(2)：255-260.